ちくま新書

水都 東京

——地形と歴史で読みとく下町・山

陣内秀信
Jinnai Hidenobu

JN052145

1520

水都　東京

――地形と歴史で読みとく下町・山の手・郊外【目次】

はじめに

私の『東京の空間人類学』が一九八五年に筑摩書房より刊行されてから、三五年もの長い年月が経過した。その間に、東京の風景はさらに著しく変化した。だが、嬉しいことに、都市を見る人々の眼差しにも実に大きな変化が見られた。古地図を手に、凸凹《でこぼこ》地形を足裏で感じながらまち歩きを楽しむことは、ごく当たり前になった。東京が江戸を受け継ぐ「水の都市」だったということも、今では人々の共通認識となり、水辺の再生を求める動きも確実に大きくなっている。

同時にまた、東京研究に関する様々な領域での興味深い成果が、この間に膨大に積み上げられてきた。私自身も、そこから刺激を受けながら、より視野を広げ、地中海圏やイタリアの都市のみならず、世界各地の都市の調査を経験するなかから、幾つもの有力なヒントを得て、新たな東京研究を展開すべく諸々のテーマに挑戦してきた。

こうした研究の成果を様々な機会に発表してきたが、本書はその総集編ともいえるものである。特に、「水の都市」としての東京のユニークな特徴をより大きなスケールで描き直すことを最大の課題に掲げ、従来とは異なる東京の水都像を示すことを目的として、この本は構想されている。

『東京の空間人類学』を今なお原点としながらも、振り返ると、私自身の関心や研究の方法はその後、随分大きく、そして深く展開してきたと思う。したがって、この本が扱う範囲は、『東京の空間人類学』と比べて、時間/歴史と空間/地域の広がりがずっと大きくなっている。テーマも多様で複雑な広がりをもつ。

そこでまずは、本書の全体の構成を俯瞰する意味で、それぞれの章で扱う内容を簡潔に紹介しておきたい。

＊

前半の第1~4章は、『東京の空間人類学』の大きな柱、「「水の都」のコスモロジー」の章で示したような低地に広がる都心・下町を主な舞台とする。河川、掘割が巡り海に開くというオーソドックスな「水の都市」論をさらに拡大、深化させることを目指し、場所とテーマの組み合わせを工夫して構成されている。

第1章では、東京の母なる川といわれ、今なお「水都東京」の最大のシンボルである隅田川をテーマとし、江戸以前の古代、中世に遡《さかのぼ》りながら、この愛される川に託された深い意味、役割を検証する。パリのセーヌ川及びロンドンのテムズ川と比較することで、東京の隅田川だからこそ見出せる、川と人々の間の独特の親密な関係、水のもつ多岐に渡る機能について、より大きな視座から描き出すことを試みる。

第2章では、「水の都」江戸を受け継いだ東京の都心において、文明開化、モダン東京が水辺から開花したことを論ずる。特に、江戸東京のメインカナルである日本橋川を取り上げ、この水の象徴軸にヴェネツィアを重ねて考える想像性豊かな動きがあったことを論じつつ、昭和初期のこの川沿いに、近代の水都東京を飾るにふさわしい水から直接立ち上がる建築群が実現したことの意味を考察する。

第3章の舞台は、隅田川の東に広がる川向うの水の地域である。大きく見れば近代は、「水の都市」から「陸の都市」への変化を生み、東京のなかで、東から西へと文化の中心が移動する時代が続いた。だが近年、水辺の復活、東京スカイツリーの登場などとともに、東の復権の動きが顕著に見られる。こうした東京における東西問題の諸相を論じながら、近年の江東《こうとう》、特に清澄白河《きよすみしらかわ》のまわりで生まれている水都再生への創造的な動きを探り、その意味を考えてみたい。

第4章は、一九八〇年代のウォーターフロント・ブームで脚光を浴びながら、その後の東京の華やかな開発から取り残され、忘れ去れた東京ベイエリアに再び光を当てる。古い海岸線沿いに潜む旧漁師町に歴史の記憶を探る一方、幕末の御《お》台場《だいば》、そして月島や芝浦などの近代初期の埋立て地に始まり、戦後の埋立てでつくられた島々が今や、特徴あるアーキペラゴ（群島）の姿を生み、東京に世界的に見てもユニークな新たな水都を創り出す可能性が広がっていることを論ずる。

後半の第5～9章は、従来の「水の都市」東京の発想を大きく乗り越えるための新たな試みからなる。いわゆる東京の東側の低地である都心・下町のみを「水の都市」とする見方に縛られず、山の手・武蔵野・多摩へも思考の対象を広げ、東京と水の密接な関係を多角的に見ていく。新たな「水都東京」論へのチャレンジといえる。

まず、第5章では、凸凹地形を活かしてつくられた都心の江戸城＝皇居と内濠《うちぼり》、外濠《そとぼり》を「水の都市」の視点から読み直す。神田川の御茶ノ水付近の渓谷も含め、世界的にも珍しい三次元の水の都市が東京に成立していることとの特殊性とその意味を論ずる。特に、長らく忘れられ、エアーポケットのように都心に眠っていた外濠の様々な価値を描き出すと同時に、かつて存在した玉川上水の水が外濠に注ぎ、日本橋川へと繋がる水循環の仕組みを現代に蘇らせる夢ある構想についても紹介する。

第6章では、『東京の空間人類学』で注目した豊かな地形の変化をもつ「山の手」を再び考察の対象とし、そこに〈水〉をキーワードとして加え、凸凹の台地に複雑に織りなされるこの立体空間の成立の秘密を解く。多彩な河川、水辺の神社や名所、谷間の花街、聖なる池など、山の手に受け継がれる水のトポス（場所）について検証し、新しい水都東京論にとって重要な役割を担うことを述べる。

第7章が扱うのは、私自身の原風景をかたちづくる杉並区のかつて成宗《なりむね》と呼ばれた地域の周辺である。あまり特徴がないように思える武蔵野の近郊住宅地だが、江戸を下敷きとする東京の都心以上に面白い空間のコンテストが潜んでいる。そこでは、〈湧水〉〈聖域〉〈遺跡〉〈古道〉がキーワードとなり、川の存在も大きく浮かび上がる。かつての江戸の近郊農村で、今のごく普通のこうした郊外住宅地のなかにも、新たな切り口によって、その〈水〉を媒介にした地域構造の面白い特質が浮かび上がることを示してみたい。

第8章では、武蔵野のより広い範囲に目を向ける。特に、湧水の存在とその意味を掘り下げたい。武蔵野台地の扇状地の端に分布する湧水池とそれを水源とする中河川の代表として、井の頭池と神田川を取り上げ、その水が育んだ池と流域における歴史の重なりを描き出す。同時に、武蔵野台地の尾根筋に通された玉川上水の果たした多様な役割を検証し、近年、新たに浮上した水循環都市という評価の視点も東京の水都論にとって重要な考え方となることを示す。

最後の第9章では、多摩地域に足を伸ばし、やはり地形と水と歴史の視点から地域の構造を読みとく。まずは、「水の郷」と呼ばれてきた日野を対象に、台地、丘陵地、沖積平野からなる地形と湧水群、川から取水する用水路網をキーワードとして、地域形成のダイナミズムや景観の構造を考察する。続いて、国分寺崖線《こくぶんじがいせん》の湧水群が生み出す「お鷹の道」、さらに国立《くにたち》の谷保《やほ》周辺の崖線に受け継がれた貴重な水の空間の構造とその意味を論ずる。

こうして本書の後半では、山の手、武蔵野、さらに多摩にまで対象を広げ、東京ならではの「水の都市」、「水の地域」としてのユニークな特徴を存分に論じていきたい。

それでは、水都東京を巡るバーチュアルな旅に出発しよう。

第１章

隅田川——水都の象徴

柳橋の夜の風景(1963年)(台東区立下町風俗資料館蔵)

1 基層

†江戸東京と隅田川

世界の代表的な都市の多くは、大きな川に面して誕生し、発展した。しかし、川と都市空間の関係に注目すると、そこには大きな違いも見えてくる。

東京にとって、隅田川は「母なる川」といわれる資格を十分にもっている。能や歌舞伎、人形浄瑠璃の世界とも深く結びつき、明治時代から後も、滝廉太郎《たきれんたろう》の「花」に「春のうららの隅田川」として歌われ、人々に親しまれてきた。早慶レガッタ、両国花火など、戦後も継続していた水上のイベントは、その大衆的な人気をさらに高めた。

ただし、戦後の高度成長の時期に入ると、東京の川や掘割は汚染が進み、悪臭がただようひどい状態になった。総武線の乗客がうたた寝をしていて、隅田川を渡る時、開いた窓から鼻をつく悪臭がして眼が覚めた、という話さえ伝わっている。

だが、一九七〇年代に入ると、除々に水質が改善に向かって、魚が隅田川に戻り始めたことが新聞の記事になる。そして、その後、七〇年代の後半には柳橋の船宿によって伝統的な屋形船が復活し、やがて東京の元漁師町を中心に広く伝播して、その姿が各地に数多く見られるようになった。さらに一九八〇年代の東京のウォーターフロント・ブーム到来とともに、隅田川を行く水上バスも人気を増している。

世界の代表的な都市の多くは、大きな川に面して誕生し、発展した。舟運《しゅううん》による物流、産業経済活動、文化など、川の果たした役割は大きい。本章では、国際比較のなかで、江戸東京という都市と隅田川の関係について考察してみたい。東京の場合、河口のデルタ地帯に発達し、海に開く都市の立地をとるため川の役割はいささか異なるが、パリのセーヌ川、ロンドンのテムズ川と比較しながら、我が隅田川の特徴を描き出してみよう（以下、陣内二〇一七をもとに記述する）。

†都市の外縁部

まず、江戸初期の寛永の地図を見てみよう（図1－1）。隅田川の東側には何も描かれておらず、都市エリアは隅田川で終わっているのがわかる。江戸という都市にとって、隅田川は、初期段階では、その外側を南北に流れる存在だった。北の外側に千住大橋《せんじゅおおはし》があったが、この段階では中下流には、橋はまったく存在しなかった。明暦の大火後に、両国橋が架かり、川向うの現在の江東区、墨田区の方に都市が発展して、隅田川の周りが市街地になってきたが、江戸

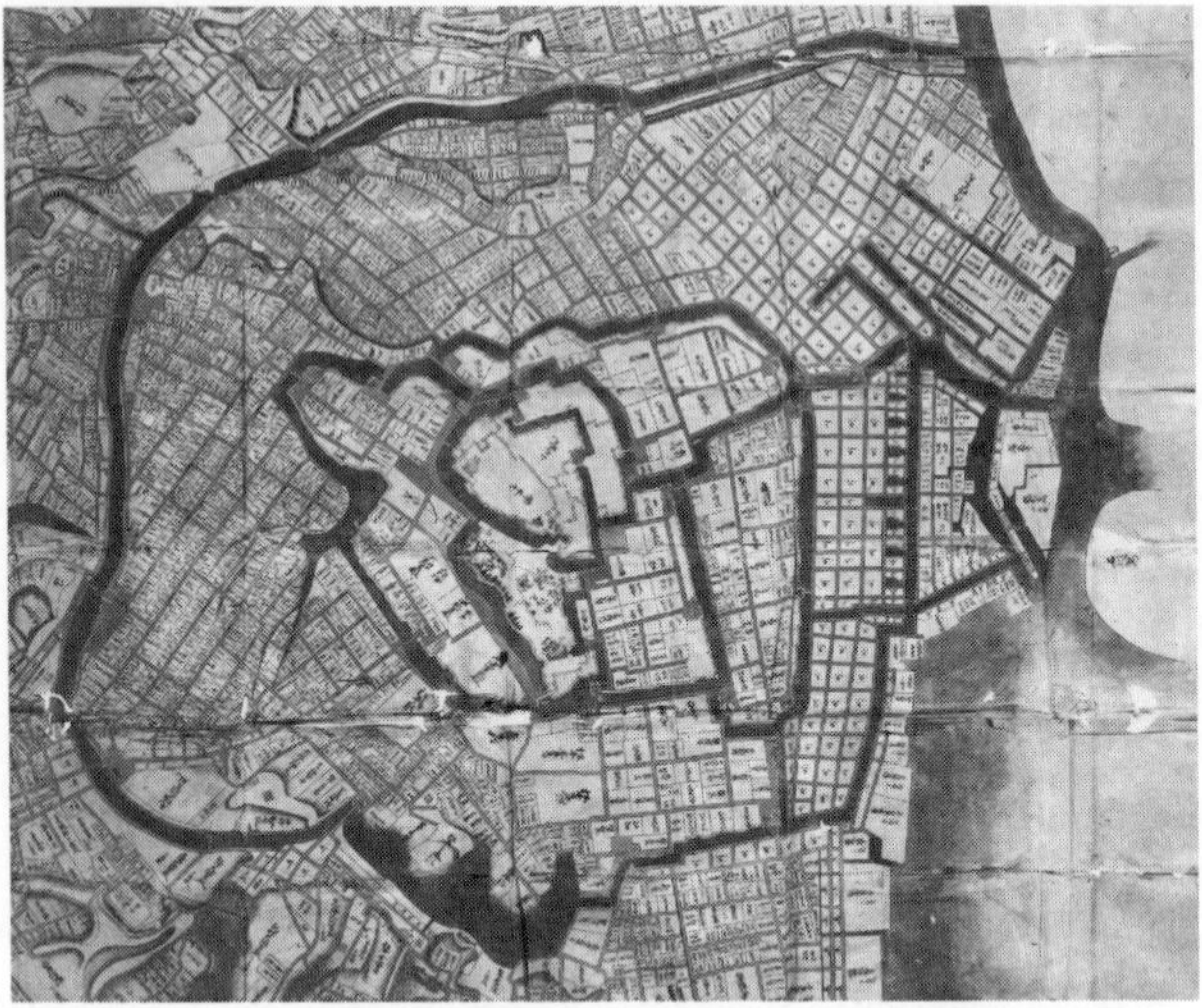

図 1-1　「寛永江戸全図」部分（臼杵市教育委員会蔵）

という都市の外縁部であったことに変わりはない。隅田川の両岸は、江戸時代を通じて、自然がたっぷり残され、開放感のある空間だった。

地理的には中心から外れた存在であったのに、江戸から明治を通じて、何故隅田川は人々の間で親しまれ、文学にも絵画にも音楽にも象徴的な存在であり続け、それが都市文化の主役として現れるような状況になっていったのか。これを考えるには、江戸以前からの状況を探ることが重要となる。

†都市のなかの川

その前に、パリ、ロンドンに目を向け、都市のなかの川の位置について比べてみよう。パリでは、セーヌ川がまさに町の真ん中を貫く象徴的な空間軸にあたる。シテ島がいつもその中心にあり、パリはシテ島から生まれ、発展したといえる（図1－2）。

この都市が誕生したローマ時代には、シテ島に神殿があり、川の南側（左岸）にのみ市街地があった。中世には北の対岸（右岸）にも発展し、結果的にはパリは、川の右岸と左岸、北と南にそれぞれ役割を分担しながら、ほぼ対等に発展した。この川の両岸に船着き場、荷揚げ場としての港の機能があり、セーヌ川を空間軸として全体に活気のある川の都市を作り上げた。その中心は、現在に至るまでシテ島であり、そこに最大の象徴、ノートルダム大聖堂がそびえ、かつては王宮があった。

一方、ロンドンは、テムズ川が西から東に向かって流れ、古代ローマ時代に成立発展した都市が、今もシティと呼ばれる地区に受け継がれている。同時に、もう一つの中心として、西の上流に、王宮や最も重要な教会があるウェストミンスターという地区があり、まさに権力の中心となっている（図1－3）。一方、シティは市民の都市となり、商業など経済的な活動の舞台となり、文化を発信している。つまりこの川に面して二つの中心があるのが特徴だ。海は東側なので、その北側、左岸に市街地があり、右岸、すなわち南側には、シティから対岸に唯一架かるロンドン橋を渡ったあたりに少しだけ市街地があった。

テムズ川は都市のへりに流れているという意味では、江戸と隅田川の関係にやや似ていた。

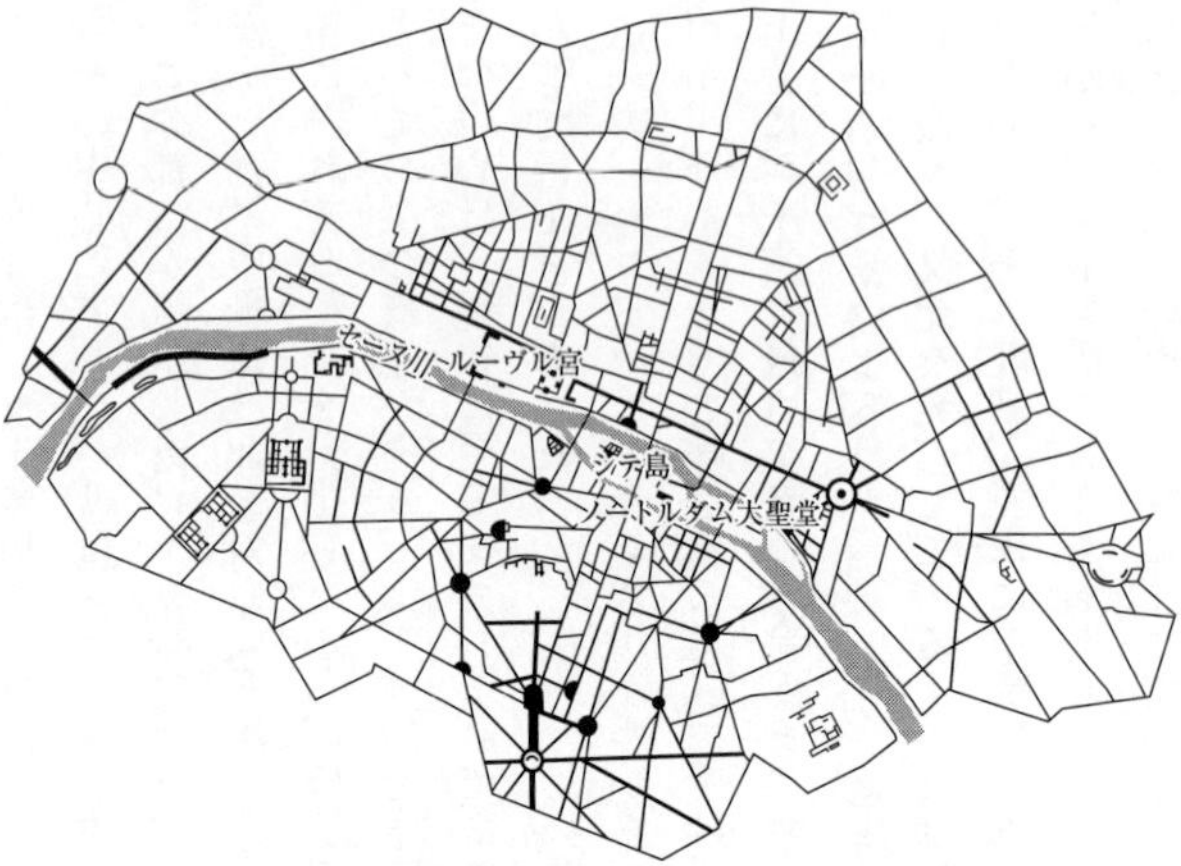

図 1-2　18 世紀末のパリ・セーヌ川（ピット 2000）

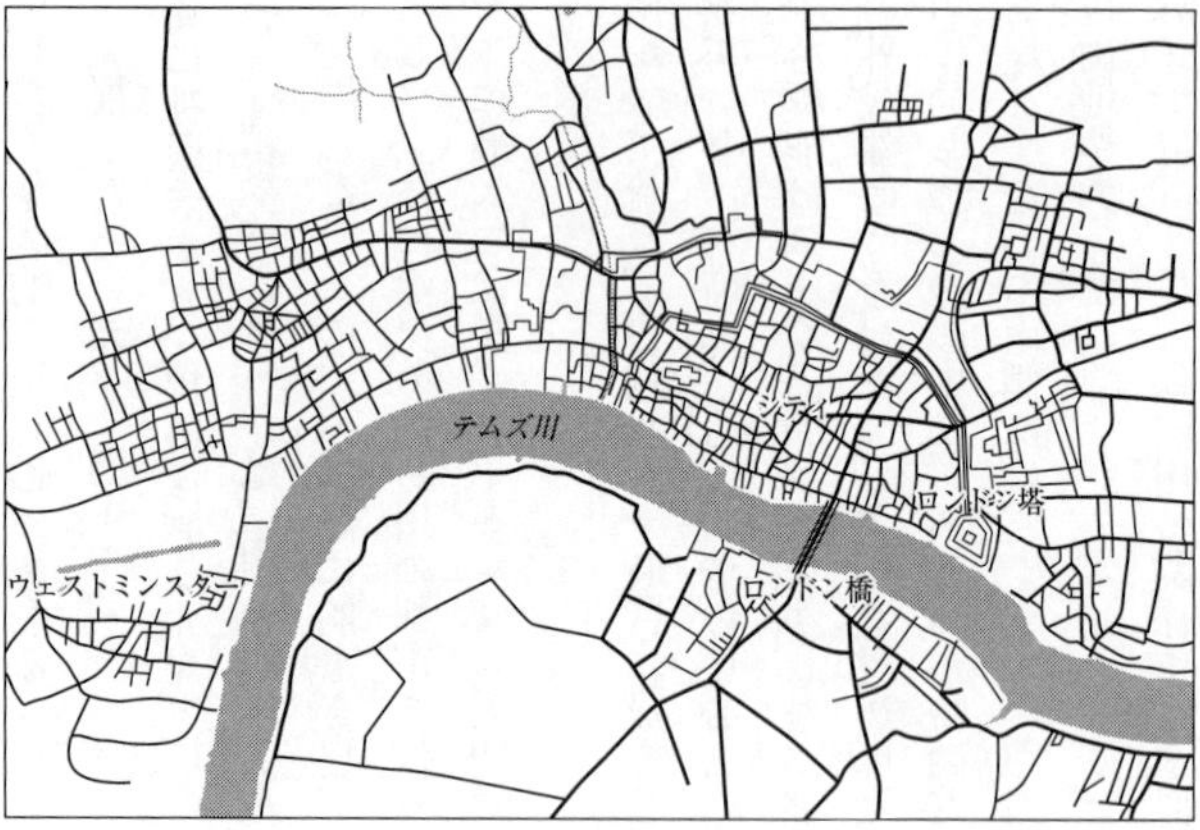

図 1-3　17 世紀のロンドン・テムズ川（クラウト 1997）

だが、大きく違うのは、ロンドンの重要な都市機能がすべてテムズ川に沿って立地したことにある。荷揚げ場などの港機能はローマ時代から一八世紀まで、左岸のシティに集中していたし、最初の権力の中心、ロンドン塔も、シティの東端の水際にあった。ウェストミンスターも含め、政治、宗教、経済、文化のすべての中心がテムズ川に面して集まり、それがこの川の象徴性を高めていたのだ。

†聖なる川＝隅田川

江戸では、政治の中心、江戸城は武蔵野台地の東端に位置し、隅田川から大きく離れ、その城の少し東の低地に経済の中心、日本橋があったが、それは大きな河川沿いではなく、日本橋川という江戸時代初めに人工的に整備された掘割の中心部に発展したエリアであった。パリやロンドンとは違い、江戸では、政治、経済の中心機能は隅田川沿いには存在しなかった。

しかし、そのようにどちらかといえば都市の外縁部に位置しながら、隅田川は常に人気があり、人々を惹きつけてきた。江戸の中心部よりも、むしろ、こちらに名所、江戸を象徴するような場所が存在しているのだ。

中でも、梅若忌《うめわかき》（謡曲『隅田川』に出てくる梅若丸の霊を供養する祭）が受け継がれてきたことが重要で、その舞台となる木母寺《もくぼじ》の存在は大きな意味をもち、鶴岡蘆水《つるおかろすい》の「東都隅田川両岸一

図1-4　鶴岡蘆水「東都隅田川両岸一覧」（1781年）の待乳山
（墨田区立緑図書館編 1990）

覧」にも描かれている（図1－4）。また、浅草寺の少し北東にある待乳山《まつちやま》（真乳山）も重要で、こんもりとそびえる山が聖地となっているのだ。五九五年に龍が出現して、この地が信仰の場となったという。そして浅草寺《せんそうじ》は、縁起によれば、七世紀前半、隅田川で漁をしていた兄弟の網に観音像がかかり、川から現れたその像を祀ったのが始まりとされる。

江戸では、物流の中心軸としての日本橋川があり、日本橋を中心に経済活動とそれに繋がる文化が発展したのに対し、精神的な中心の役割は隅田川が担うという興味深い力学が働いていたのだ。シテ島から始まり、今なおそこが空間的にも精神的にも中心であり続けるパリとは対極的な構造だといえよう。

そもそも日本における川のもつ精神的、心理的意味を考える必要もある。東京・深川を流れる小名木川《おなぎがわ》の舟運の中心、高橋で育った川田順造は著書のなかで、『江戸深川情緒の研究』で知られる西村眞次が「溺死者一覧表」を作成していることを紹介し、川や堀が身投げの場所として選ばれたことの意味を問い直す。家の前の小名木川に土左衛門が流れているのを何度も見た個人的な経験から、水の空間が江戸＝東京の下町人にとって、文字通り身近な冥土《めいど》への入口だったと考察するのである。パリの川でも投身自殺者はいたが、東京の方がパリよりずっと多かったという（川田二〇一一）。隅田川には、異界や他界、死後の世界につながるイメージがあったに違いない。

†聖性の起源

では、パリのセーヌ川、ロンドンのテムズ川と比べながら、なぜ隅田川のこうした特徴が生まれたのかを考えてみたい。そもそも、川や水路というものは物流、舟運の重要なルートである。その舟運には、役割分担がある。大川端《おおかわばた》を俯瞰的に描いた景観画を見てみよう（図1－5）。

画面右上が佃島《つくだじま》、左上が深川、手前が江戸の中心で、日本橋の方へ入ってくる掘割が描かれている。佃島の沖に大型の帆船が停泊しており、小さな船に移された荷が日本橋方面の河岸に向かって運ばれた。江戸湊《えどみなと》といわれるこの界隈、そして日本橋の周辺、今でいう中央区の河岸には、ずらりと土蔵が並んでいた。こうした光景はもちろんパリにもロンドンにもなく、まさに港の機能が幾つもの掘割に分布し、それらが網目のように結ばれ巨大な物流空間を形づくっていた。西欧では、ヴェネツィアやアムステルダムにこれと似た仕組みが見られた。

図1-5　歌川広重「東都名所永大橋全図」（東京都立中央図書館蔵）

一方、隅田川沿いには、都市周辺のゆとりある空間を活かし、幕府の御《お》蔵《くら》（米蔵）や御《お》竹蔵《たけぐら》がとられ、そこに特化した物流機能が集まっていた。江戸の最大の運河である日本橋川は、江戸時代初期に人工的に整備された最大の物流空間であり、実用性がその特徴で、ここには精神性、物語性は乏しかった。

機能的には、日本橋のたもとに魚の市場があり、一つ下流の江戸橋の広小路が盛り場化したとはいえ、この日本橋川は物流・商業のビジネス空間の役割を担ったことから、隅田川がそれとは別の機能を発揮できたのだろう。

それに対し隅田川は、江戸が都市として誕生し、発展していくのに欠かせない古い歴史を拠り所とする文化的アイデンティティを生み出す場、つまり都市江戸の精神文化の源流としての意味をもった。江戸よりずっと古い起源をもつ、人々の心と深く結びつく宗教施設が多く存在し、しかも江戸の都市発展においては周縁的な性格をもったことが幸いして、自然の豊かさが維持された。そのため、そこには日本人が好む独特の開放感が溢れ、信仰と遊びの要素が結びつき、人々の心を摑むことができたのだ。

実際、隅田川の中上流域は、古代・中世に遡る古い様相を基層に色濃くもっている。台東区の浅草の周辺に加え、対岸の墨田区の墨堤《ぼくてい》エリアの周辺も歴史がかなり古く、中世より遡る寺や神社が多く存在する。それらが江戸時代にも聖地として受け継がれ、宗教空間として重要な役割をもったが、江戸の都市としての繁栄とともに、これらの場所は人気を集め、行楽地に発展した。人々の心を惹きつける四季折々のイベントを催すのも、当時はこうした寺社だった。そして隅田川沿いの地域には名所が様々に揃っており、歌川広重をはじめとする絵師がその姿を繰り返し描いてきた。水に面して立地し景色と料理を楽しめる料理茶屋や両国の花火の光景も描写された。

古くから都であった京都に比べ、江戸は歴史の浅い新興の都市である。しかし、この隅田川をのぼった浅草周辺のエリアには、江戸という都市の誕生以前に遡る、信仰と結びつく重要な場所が点在している。そして、梅若忌のように、そのような場所にまつわる古代・中世の伝承・物語が江戸市民の間である種、神話化されることで、人々に愛される隅田川のイメージが形成されたと考えられる。こうして江戸文化のアイデンティティのなかに、古代・中世にルーツをもつ隅田川の伝説・神話がしっかり組み込まれたといえる。

†古代・中世の「東京低地」

ここで、比較的最近の「東京低地」の古代・中世から東京の歴史を見直す研究に目を向けたい。この「東京低地」という言い方は、葛飾区郷土と天文の博物館が一九九三年に開催した特別展「下町・中世再発見」で大々的に使われた言葉だが、江戸時代の下町と混同しないように用いられたものだという。この特別展の図録には、葛飾区がその一角を占める「東京低地」の古代・中世に関する、中世文書研究や考古学調査にもとづく新鮮な研究成果が様々な筆者によって記されている。葛飾区で長年発掘調査に携わってきた考古学者・谷口榮《たにぐちさかえ》は、こうした研究蓄積をさらに発展させ、大きな視野でまとめ上げる仕事に精力的に取り組み、興味深い一連の著作を刊行している。

谷口によれば、下総国《しもうさのくに》に属す葛西《かさい》の地域は、幾筋もの河川で結ばれ、古くから舟運が発達し、経済活動も活発だったという（谷口二〇一八）。古代の官道である東海道をはじめ、陸上交通も古くから発達していたことが知られる。江や戸が付く地名が多いことからも、水上交通の発達ぶりが推測される。

中世には、重要なこの地を治める目的で葛西城（現在の葛飾区青戸）がつくられ、一六世紀前半に、江戸城の主である小田原北条氏に攻め落とされるまで、勢力を誇示した。このように江戸の都市誕生より前に、葛西をはじめ東京低地には重要な前史があり、古代・中世には、のちの江戸の中心地よりも東京低地の方がむしろ地域的発展を見せていた。隅田川の浅草及びそのやや上流の地域も、水上交通が活発なのに加え、渡河地点をもつ下総国と武蔵国《むさしのくに》を結ぶ重要な場所として、古くからの発展を見せたのだ。家康による江戸の城下町建設以前に、隅田川を含む東京低地に経済的、文化的ポテンシャルのある地域が形成されていたことを再認識する必要がある。

一方、江戸・東京の河川について多くの本を著した鈴木《すずき》理生《まさお》も、早い時期にすでに、古代・中世の浅草は港の機能をもつ重要な場所だったと推察していた。その根拠として、文献上、隅田川の名が初めて登場する承和二年（八三五）の太政官符《だじょうかんぷ》（律令制のもとで太政官が管轄下の諸官庁・諸国衙《こくが》へ発令した正式な公文書）に、浅草付近の船着き場で隅田川を渡る人々の増加に合わせ渡船を増便したとする記述があること、戦後の浅草寺での観音堂再建の際に奈良時代の瓦が出土したことから、浅草が八、九世紀にすでに開けた土地だったと推定される点をあげている。さらに武蔵国が浅草を要に東国及びそれ以外の広範な地域と水運で結ばれており、おそらく多くの渡来人が浅草付近からさらに河川を遡航して関東地方内陸部に進出・定着したのだろうと推測を広げる（鈴木一九七五）。「中世江戸＝寒漁村」説に異議を唱える岡野友彦も、家康が江戸を選んだ背景として、そこにすでに水運と結びついた港の機能があったことをあげ、品川と繋がり浅草もその役割を担ったと推察する（岡野一九九九）。

いずれにしても、このように浅草周辺が古代・中世にすでに地域的発展を見せていたことは、谷口の考古学の発掘成果をベースとする近年の研究でより明確になりつつある。江戸幕府のもと、江戸城を中心に巨大城下町としての新たな都市構造、空間のヒエラルキーが形成され、隅田川、浅草のまわりのエリアが周縁部として位置づけられたとしても、古くからポテンシャルをもっていたこの地域が、江戸の人々の意識のなかで特別な意味をもったということはよく理解できる。

†浅草上流域の産業と文化

谷口はまた、古代・中世からの古い歴史をもつ「東の東京低地」と都市江戸との関係を考察するなかで、隅田川沿岸の今戸《いまど》周辺に窯業《ようぎょう》が集中していた点に注目する。葛飾区の鬼塚《おにづか》遺跡（古墳時代後期の六〜七世紀）、正福寺《しょうふくじ》遺跡（九世紀頃）から土師器《はじき》（古墳時代から奈良・平安時代まで生産された素焼きの土器）を焼いた窯跡群が発見されていることから、こうした近くの地域で培われた技術と経験を取り込みながら、防火対策の面でも都合のよい江戸の周縁にあたる川の沿岸部の今戸周辺で、窯業が一大産業として発展したと推測する（谷口二〇一九）。

こうして歴史の蓄積をもつ土地に産業も育みながら、隅田川沿いには、民衆の心を惹き付ける場所が様々な形で成立していった。隅田川に関してさらに興味深いのは、奥へ川を上るほど重要なものが控えているという特徴であり、槇文彦《まきふみひこ》が指摘する「奥性」が都市スケールで読み取れることだ。たとえば浅草寺、幕末に移転してきた猿若の芝居町、最奥の新吉原《しんよしわら》の遊郭と、そこには「奥への魔力」が感じられる。

信仰と結びつき神聖な意味をもった隅田川であると同時に、その周辺には芝居のような俗っぽい遊び、遊郭のような欲望の場所が形成される状況が生まれ、「聖」と「俗」が入り交じり、あるいは表裏で共存する江戸の特徴が見られたのである。江戸という都市全体のなかで、隅田川の奥の方にこうして、聖なるものと俗なるものが結びついて控える状況が成立し、人々を惹きつける力となった。広末保《ひろすえたもつ》はそれを「辺界の悪所」と呼び、江戸の空間構造の特質として論じた（広末一九七三）。

もちろん、隅田川に物流機能がなかったわけではない。少し下流に向かうと、機能が変わる。すでに述べたように、幕府の管理する大規模なストック型の物流基地として、蔵前に米蔵が、そして現在、国技館と江戸東京博物館が建つその対岸の両国に竹蔵があった。

†漁師町の記憶

もう一つ興味深い点は、江戸東京では、隅田川のまわりに、漁師町の記憶が潜んでいるとい

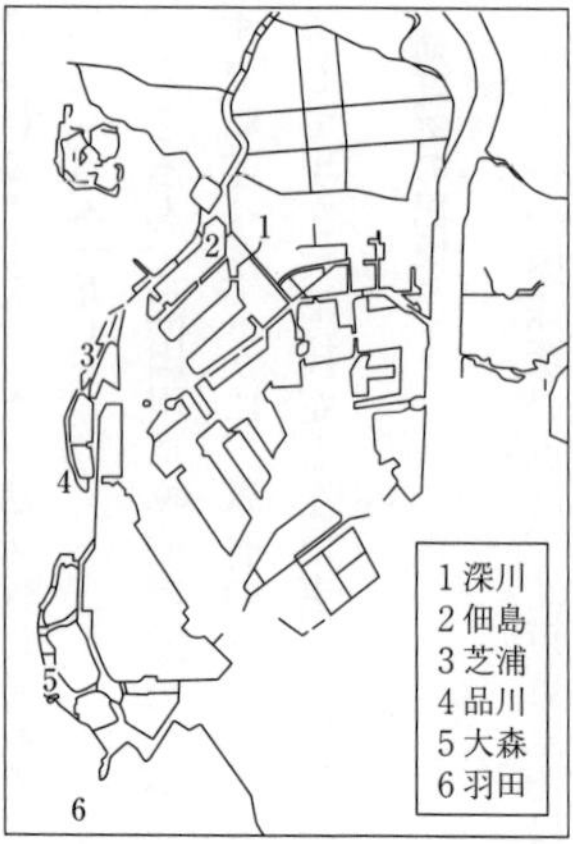

図1-6　東京湾に分布する元漁師町

うことだ。もともと古代には、隅田川も湾が入り込んだ地形で、浅草も海に近かった。だからこそ、漁師の網にかかった観音像が祀られて浅草寺と浅草神社が誕生することになった。

隅田川を河口近くまで下ると、深川にも江戸時代には大川端に漁師町があった。そして、佃島には関西の摂津《せっつ》から人々が移住してできた漁師町があった。さらに隅田川からは離れるが、芝浦、品川、大森そして羽田まで存在したかつての漁師町が、今の東京の基層部分に潜んでいるというのが、この都市のユニークさの一つだ（図1-6）。そのどこでも、今日なおコミュニティの絆は強く、祭りが活発である。

近代に埋め立てが進んで港湾施設や工場が並んでいく際にも、基層部分にはこれらの漁師町が残存し、漁業権を放棄した今でも、船宿が残っている。その代表となる佃島では、高度成長期に入る直前まで八角《はっかく》神輿《みこし》を水に入れる海中渡御《とぎょ》が行われていた。浅草寺の祭礼で、幕末まで船による渡御が行われていたのも、観音像が海から来たことに加え、漁師町というスピリットを背景にしていたものと想像される。

深川の漁師町は、近代に埋め立てが進むと、海に出やすい場所へと移動していった。そのあたりに、今、屋形船、釣り船の船宿が多くあるのも面白い。

神田明神の神田祭り、赤坂日枝《ひえ》神社の山王祭りと並び江戸三大祭りに数えられる深川八幡祭りは今なお盛大に催される。五十数基の町内神輿による連合渡御の最後を飾るのが、漁師町の歴史を物語る深濱の大きな神輿だ。深濱とは、昭和三七年（一九六二）に解散した深川浦漁業組合の「深川濱」のことで、旧深川漁師町十四ヶ町の漁師の誇りを受け継いでいるのである。

なお、ロンドンのテムズ川でも漁師の活動が見られ、網や錨が橋の土台に引っ掛かったりすることがあったという。ただ、漁師町、そのコミュニティが都市の社会、文化の歴史のなかで大きな影響力をもってきたのは江戸東京ならではの興味深い特質の一つといえよう。

2　権力と位置

†権力中枢と結びつくセーヌ川、テムズ川

これまで見てきた川と都市の関係を、少し違った角度から再検討してみたい。城などの権力中枢からの距離という問題である。

世界中の都市の鳥瞰図《ちょうかんず》などの景観画は、ある意図をもって描かれ、見る角度も巧みに選ばれている。パリでは、その鳥瞰図は西から東の方を見る角度から描かれることが多かった。真ん中にシテ島をとり、そこに宗教の中心、ノートルダム大聖堂と王宮が描かれる。政治権力の王宮は移転し、有名なルーヴル宮殿は図の下の方に後にできるが、あくまで重要な権力の中心は川沿いにくる。市庁舎はシテ島の北の港にあるグレーヴ（砂利浜）広場に面してできるが、これも舟運と繋がった都市空間の一角といえる。セーヌ川を象徴軸とし、権力の館、教会が水辺を中心に可視化される構造がつくられている。しかも、西から東を見る向きが選ばれることにより、象徴としてのノートルダム大聖堂、市庁舎の正面が鳥瞰図の中に表現できるのだ（ピットニ〇〇〇）。

ロンドンは、すでに見たように、もともとロンドン塔が権力の中心、王宮だったのが、権力の中心が一一世紀中頃に、その上流にあたるウェストミンスターに移り、ウェストミンスター寺院を中心に、それと同名の宮殿が一体となった重要な一角がつくられ、宮殿のなかに国会議事堂までができた。

一方、シティには市民・商人がいた。ここに特権が与えられ、自治権をもつ中世都市としてのロンドンが生まれたのだ（クラウト一九九七）。この地区は市民による商業の空間であり、日本橋を中心とする町人地に相当すると考えてもよい。江戸城にあたる権力中枢は、西側に外れているが、いずれもテムズ川沿いをがっちり占めており、その構造が視覚化されている。シティの東端にロンドン塔があり、その西に唯一の橋、ロンドン・ブリッジが架かっていて、この場所の重要性を高めていた。国王入市式や凱旋行進の際には、このロンドン橋を渡って都市部に入るという象徴的な演出がなされ、また、橋の扉門は見せしめのために、反逆者の首や八つ裂きにされた身体を晒《さら》す場所ともなったのである（ハーディング二〇二〇）。

†スカイツリーと鳥瞰図

一方、江戸東京の場合は、どうだろう。それを考えるのに、東京スカイツリーに登ってみたい。新たな東京のシンボルとしてのこの塔の立っている位置には、大きな意味がある。

高層ビルが建ち並んだ東京に新しいテレビ塔が必要ということで、その敷地を決めるための新タワー建設地の提案募集が二〇〇五年に行われ、他の有力候補地を退けて押上《おしあげ》の地が選ばれた。私もその選考委員の一人だったのだが、ここに決定した大きな理由は、この塔の展望台から今の東京を眺めるアングルが、一九世紀初頭、鍬形蕙斎《くわがたけいさい》が江戸の鳥瞰図を初めて描いた時に選んだアングルとちょうど重なるというものだった。

鍬形蕙斎の絵は、隅田川の東の高台に視点をとり、西を向いて江戸の町を俯瞰する構図をとる（図1－7）。そうすると手前に隅田川が右（上流）から左（下流）にゆったりと流れ、そこから分岐する神田川、そして江戸湾から入り込む日本橋川や他の掘割が描かれ、画面の対角線の交わるあたりに江戸の中心としての日本橋が置かれるのだ。

こうして都市の主役である下町の様々な水辺が近景から中景にかけて思いを込めて描かれる。その奥、画面上方に濠と森に包まれた江戸城の姿があり、それを囲んで背後に起伏に富んだ緑に包まれた山の手が広がる。画面の上には、富士山がいささか誇張されて都市の最大の象徴として堂々と描かれる。同時に天皇の京都が、そして徳川家の駿府《すんぷ》が上にくることになり、さらに象徴性を高めているとも解釈される。

鍬形蕙斎が初めて採用したこのアングルからの鳥瞰図の描き方は、後の絵師にもそのまま受け継がれ、大正の頃まで続いた。こうして東の高所から西の都心を見る構図は、人々の心の中のこの都市のイメージに大きく影響を与えたに違いない。

今、スカイツリーから見える東京の景色は、富士山がやや右寄りにあることを除けば、鍬形蕙斎の鳥瞰図のアングルと驚くほど一致する（図1－8）。二一世紀の東京人も、この高所から、絵を見る江戸の人々と同じように自分の都市を眺めるというスリリングな体験ができるのだ。江戸と東京が重なり合うというわけである。加えて、選考委員には、東京の近代の都市発展が常に西へ向かったため、歴史の集積をもちながらも取り残された感が強いこの東の隅田川近くの地に新タワーが登場すれば、「水の東京」の復権にもつながるのではとの思いがあった。

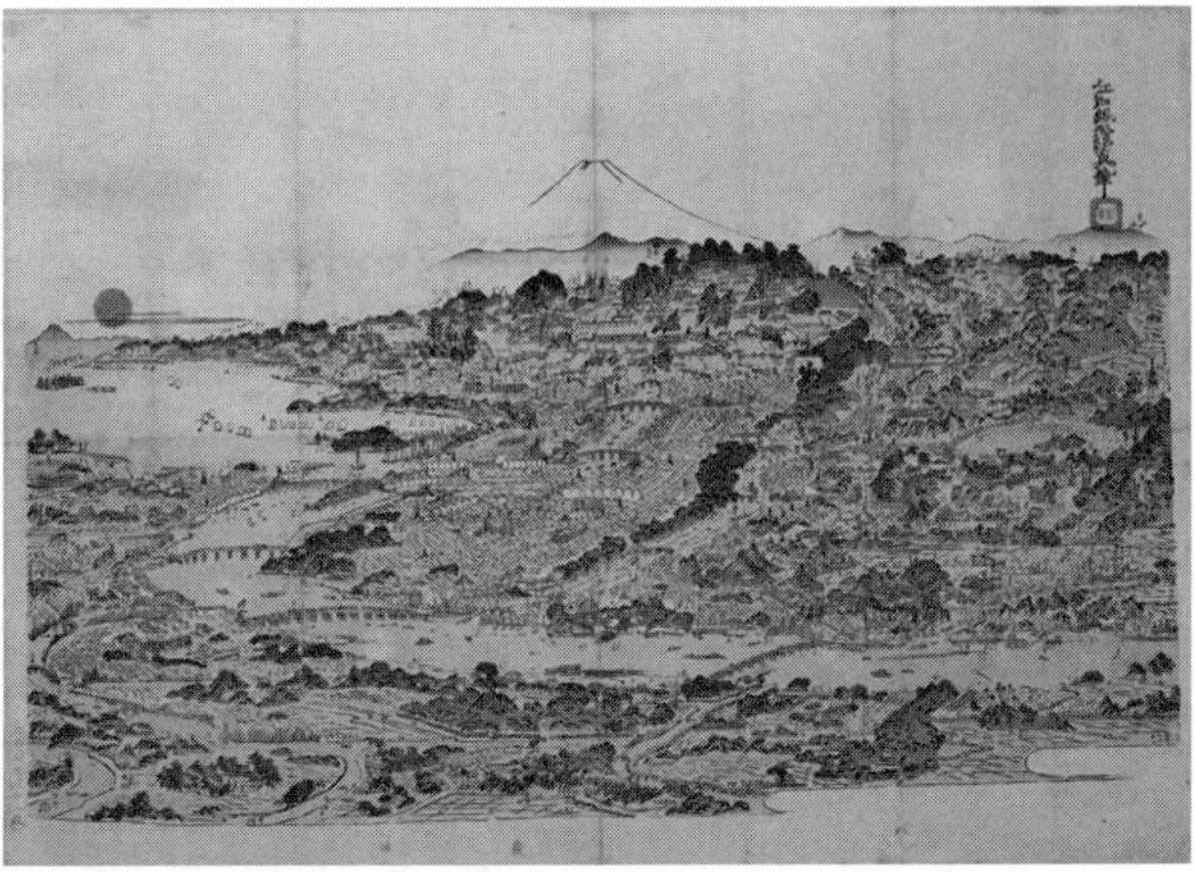

図1-7　鍬形蕙斎「江戸名所の絵」（法政大学江戸東京研究センター蔵）

図1-8　スカイツリーからの眺望　正面奥に富士山がある

足元に北十間川《きたじっけんがわ》があるが、この川は震災直前の東京市の調査でも船の通行が極めて多かったことが記録されている。ここが舟運復活の拠点となることが選考委員会でも期待されたのだ。

†権力の城から離れて

このように、実際にスカイツリーの展望台から眺めても、この鳥瞰図の印象と同様、江戸城=皇居はいささか離れた位置にあるのがよくわかる。母なる象徴的な河川である隅田川は、権力中心からはかなり距離を置きながら存在してきた。パリのセーヌ川、ロンドンのテムズ川において、川と権力の中心が密接に結びついてきたのとは、事情が大きく異なっているのだ。

江戸という都市にとって、権力の城から大川（隅田川）は離れていた。だからこそ、この川岸まで来れば、幕藩体制下の都市であっても、日常の様々な拘束から抜け出て、開放感溢れる水辺で自由に過ごせた。イベントを楽しみ、少し俗な遊びを経験することも可能だった。そこには、隅田川の中上流域にある回向院《えこういん》や浅草寺をはじめとする寺社にお参りに行くという口実もあった。このように江戸の空間は、隅田川を越えて墨東《ぼくとう》の地へ、あるいは隅田川を上って奥へ奥へ足を伸ばすという遠心力の働く都市だったのだ。シテ島が求心力をもつパリのセーヌ川とは対照的だったといえる。

ただ、テムズ川が育んだロンドンは、南（右岸）にあたる川向うの河原に近いエリアに、一六世紀後半〜一七世紀前半の時期、芝居小屋が並んだという点では、江戸と似ていた。満潮時には浸水しがちな条件の悪い場所につくられたという点では、河原から芝居が生まれた日本の都市とどこか相通ずる。一六三〇年頃の鳥瞰図を見ると、テムズ南岸には、西からスワン、ホープ、ローズ、グローブの劇場が描かれている(図1-9)。

図1-9　テムズ川南岸の劇場群(1630年頃)
(Ross & Clark 2011)

3　橋と水運

隅田川と橋

川と都市を考えるのに、橋の存在は重要である。隅田川にはすでに述べたように、江戸の初期には千住大橋しかなかったのが、明暦の大火後の寛文元年(一六六一)、両国橋が架けられたのを皮切りに、元禄年間に新大橋、永代橋《えいだいばし》が架橋され、後に登場した吾妻橋《あづまばし》(安永三年〔一七七四年〕)とともに、江戸時代の後半には五つもの橋が存在した。

それとともに、川向うである深川、本所《ほんじょ》にまで江戸の市域が広がり、小名木川や掘割網など、水路を活かしながら町人地、大名屋敷、木場などの産業空間、そして寺社を中心とした人々を引きつける名所、遊興地が水辺に広がり、モビリティの高い都市が形成された。舟の利用も活発で、物資を運ぶ舟運ばかりか、深川の富岡八幡宮にも亀戸天神《かめいどてんじん》にも、参拝客用に近くの掘割に船着き場が設けられていた。

†橋と水運――セーヌ川、テムズ川

それに対し、パリのセーヌ川もロンドンのテムズ川も、長い間、橋の架かる場所は限定されていた。古代からのパリの中心、シテ島は、川の南と北を結ぶ中継点でもあり、古くから橋が架けられ、中世の一四世紀末にも、そこに右岸、左岸のそれぞれと結ぶ橋がつくられていた。橋の上には、中央の道の両側の水際に建物がぎっしり建ち並び、その中世的なヴァナキュラーな（その土地固有の）景観が一八世紀まで存続したのは驚きだ。

石のアーチ橋なので橋脚が大きくなるため（図1-10）、水の流れを遮り、上流の方が水位が高くなる。また、シテ島の上流側には、さらに小さな二つの島（サン・ルイ島、ルーヴィエ島）があり、それらも堰《せき》のように水の流れを抑えてしまう。しかも、自然を人間の力で制御・

活用しようとする西欧らしく、その水の落差をエネルギーとして利用して、石橋のアーチの下には製粉用の水車小屋もつくられ（パン食のヨーロッパにとって、水車を動力とする製粉所が必要だった）、水の流れを悪くした。そのため大雨の時には上流側が溢れ、勢いをもった水の力で橋が流され、上部の建物が倒壊するという大水害が幾度となく起きたという。セーヌ川の両岸に発達し、水害に悩まされ続けたパリでは、早くから土地の嵩上《かさあ》げを行い、石で固めた頑丈なつくりの河岸の建設を進めた（佐川二〇〇九）。今のパリにもそれを見て取ることができる。

図 1-10　アーチと大きな橋脚をもつパリの橋（1756 年）
(Beaudouin 1989) 右下の奥に水車が見える

一方、江戸の隅田川では、水害から守るために、土手という、より素朴な形で堤防を築いた。都心近くでは、今の秋葉原から柳橋《やなぎばし》（浅草橋）に向かう南側の岸に、洪水対策として柳を植えた土手が人為的につくられ、隅田川を遡り、浅草を越えたあたりには、山谷堀《さんやぼり》に沿って日《に》本堤《ほんづつみ》という堤防が築かれた。一方、向島には墨堤がつくられ、八代将軍吉宗の時代、ここに桜が植えられて堤防がより強固になった（治水と名所づくりが合わさったところが面白い）。こうして、隅田川の浅草付近から上流に向けて逆八字形《はちのじ》に配する二つの堤防が築かれたことで、その上流一帯は洪水時には溢れた水を貯める遊水地となり、江戸の都市を守る治水システムが整えられた。だが、洪水を完全に防ぐことはできず、しばしば水害に悩まされた。

利根川東遷は、何段階かの過程を経て実現された。その目的としては、江戸への舟運、江戸の水害軽減、新田開発などがあげられる。しかし、利根川を人為的に東方向に追いやるために堤防が幾つも築かれたが、それはリスクをはらんでいた。それらの堤防が決壊すると、旧河道沿いに洪水が南進して、隅田川の東の低地、本所・深川に被害を及ぼす結果をもたらしたのである（渡辺二〇二〇）。この危険性は、現在の東京でもまったく同じ形で存在している。

江戸城をはじめとする江戸の中心部は洪水から守られていたものの、本所や深川の低い土地が犠牲になるのが常だった。寛保二年（一七四二）の大洪水など、隅田川西岸の浅草、下谷《したや》一帯に大きな被害が及ぶこともあった。

川や掘割の巡る水都にとって浚渫《しゅんせつ》は重要で、それを怠ることが洪水を引き起こすことにもなった。また、セーヌ川でシテ島をはじめ三つの島が水の流れを抑え、洪水の原因ともなったことを見たが、隅田川でも、寛保大水害の三〇年後に、中洲に土地を造成し遊興の地を開発したことが水の流れを阻害し、後の水害を引き起こす原因となり、結局は、寛政四年（一七九二）

にこの中州造成地は撤去されることになった（渡辺二〇一九）。

いずれにしても、洪水の危険性を感じつつ、江戸の人々は「水防」という意識を持ち、減災の努力を払いながら、水と密接に付き合っていた。それを多彩に活用して活発な経済と独自の文化を発展させたところに、江戸の都市社会の特徴があったといえよう。

実は、ロンドンも水害に悩まされた。特に、江戸東京とよく似た構造として、ロンドンでは、テムズ川の南岸（右岸）地域が低湿地で洪水に対して脆弱であることから、橋付近の南岸と川の南側の郊外地域は何世紀にもわたって開発が遅れたのである（デーヴィス二〇二〇）。

†水運への橋の影響

さて、パリで洪水の原因になったこうした橋の存在は、セーヌ川を行く船の航路をふさぐことになり、結果的には、上流域、下流域での舟運の性格に大きな違いが生まれた。シテ島に架かる橋のすぐ上流の土砂のたまりやすい浜辺に港の機能が発達し、ルーヴィエ島には、筏流《いかだなが》しの木材荷揚げ場ができた。また右岸のグレーヴ広場の船着き場には、上流から荷を積んだ船が係留された。

動力船のない時代、川の舟運にとって下りはよいが、上りは馬や牛で曳舟《ひきふね》をしなければならない。日本ではもっぱら人力が使われた。その出費をさけるため、セーヌ川の上流域では川を下る質素な木造船は、積荷がある間は係留しておき倉庫代わりに使い、空になると解体し薪になったという。こうした船が係留されたグレーヴ広場は、市場、市庁舎とも一体となり、川の舟運と結びついたパリの都市構造が顕著になっている場所と言えるだろう。一方、下流域の舟運は別の仕組みだった。大西洋を経て船で外から入ってくる香辛料、染料、コーヒー豆、カカオ等、高級な物資は、シテ島より下流域に位置するサン・ニコラ港で荷揚げされた。高価な商品だけに、曳舟を用いて海から内陸部のパリまで、船で遡上できたのである（バクーシュ二〇〇九、Chadych & Leborgne 1999）。

ロンドンでも、橋の位置は限定され、一八世紀前半に新しい形式のウェストミンスター橋が登場するまで、ロンドン橋が唯一の橋だった（図1-11）。その代わり、隅田川と同様、幾つもの箇所で渡し船が両岸を結んでいた。ロンドン橋もシテ島の橋と同様、石のアーチ橋であり、一九もの橋脚と大きな水切《みずきり》が連なり、ほとんど堰のような感じで、水の流れがさまたげられ、上流側と下流側に大きな水位差が生まれた。そこにやはり水力を利用するために水車を設置し、製粉と揚水に使ったという。パリと同様、橋の上には住宅、商店、さらには礼拝堂もつくられ、活気に溢れるとともに独特の景観を見せていた（近藤二〇〇七）。

また、ロンドン橋は一八三一年まで存続し、パリの橋と同様、その構造的な理由で、長い間、船の航行を制限してきた。ロンドンは潮の干満の差が七メートルに及ぶ。そのため、潮足《しおあし》の早

図 1-11　ロンドン橋(ジョン・ローデン画、1600 年)(Ross & Clark 2011)

い時にはとりわけ、ロンドン橋を船で通るのは困難だった。こうして上流には帆船、大型船は入れず、本格的な港湾機能はその下流に集まり、小型船・艀《はしけ》に積み替えて上流の船着き場に運ぶ形式がとられた。佃島の沖に大型帆船が停泊し、艀に積み替え内部の掘割に沿う河岸に荷を運んだ江戸の構造と少しだけ似ているともいえる。

一八〇〇年前後には、シティの東端にあるロンドン塔より上流二キロ区間に波止場や船着き場が三四箇所存在したが、ロンドン橋の下流に一〇箇所あり、大型帆船などが集まり税関も置かれたのに対し、上流には二四箇所とられ、数多くの桟橋に小舟が集まるという独特の港の構造がロンドンには成立していた。その上流域に、ウェストミンスターの象徴的な空間が水辺に形成されていた。なお、船が河口から内陸のロンドンに向かってテムズ川を遡航するのに、満ち潮を有効に利用できた。それが、古代ローマ時代にこの位置に都市が誕生し、後に大きく発展できた理由の一つでもある。

パリもロンドンも、このように都市のまさに中心に架かり、重厚でかつ象徴的な役割を担った石橋を境に、その上流、下流で役割や意味が違ってくるという特徴をもった。都市を象徴する多目的で巨大な橋の存在そのものが、水の流れや船の通行の障害となって、河川の港湾、経済空間の実用面から見た時の上流と下流の間に性格の違いが生み出されたというのが興味深い。

†隅田川の水運風景

隅田川をこの観点から西欧の二都市と比較することで、その独自の性格をより鮮明に理解できよう。そもそも隅田川に架かる橋はどれも木造でより軽やかにできており、大雨で洪水が起こり、上流から流された船や倒木や家屋が橋脚に引っ掛かって、橋が損壊することはあっても、橋が洪水の要因になることはなかった。また、景観画に描かれた隅田川の上流から下流への筏流しの様子からもわかるように、一つの橋が通行の妨げとなるようなことはなく、川の全体で舟運を中心に水面利用が上と下を結んで活発に行われていたことが想像される。

ここで鈴木理生が作成した江戸の河岸の分布図を見よう（図1-12）。そこでは、江戸の町人が使う河岸が日本橋川や内部の掘割に集中しているのに対し、隅田川沿いでは、両国広小路のまわりや下流域に少し見られる程度に過ぎない。隅田川沿いの物流拠点はそれぞれ特化した

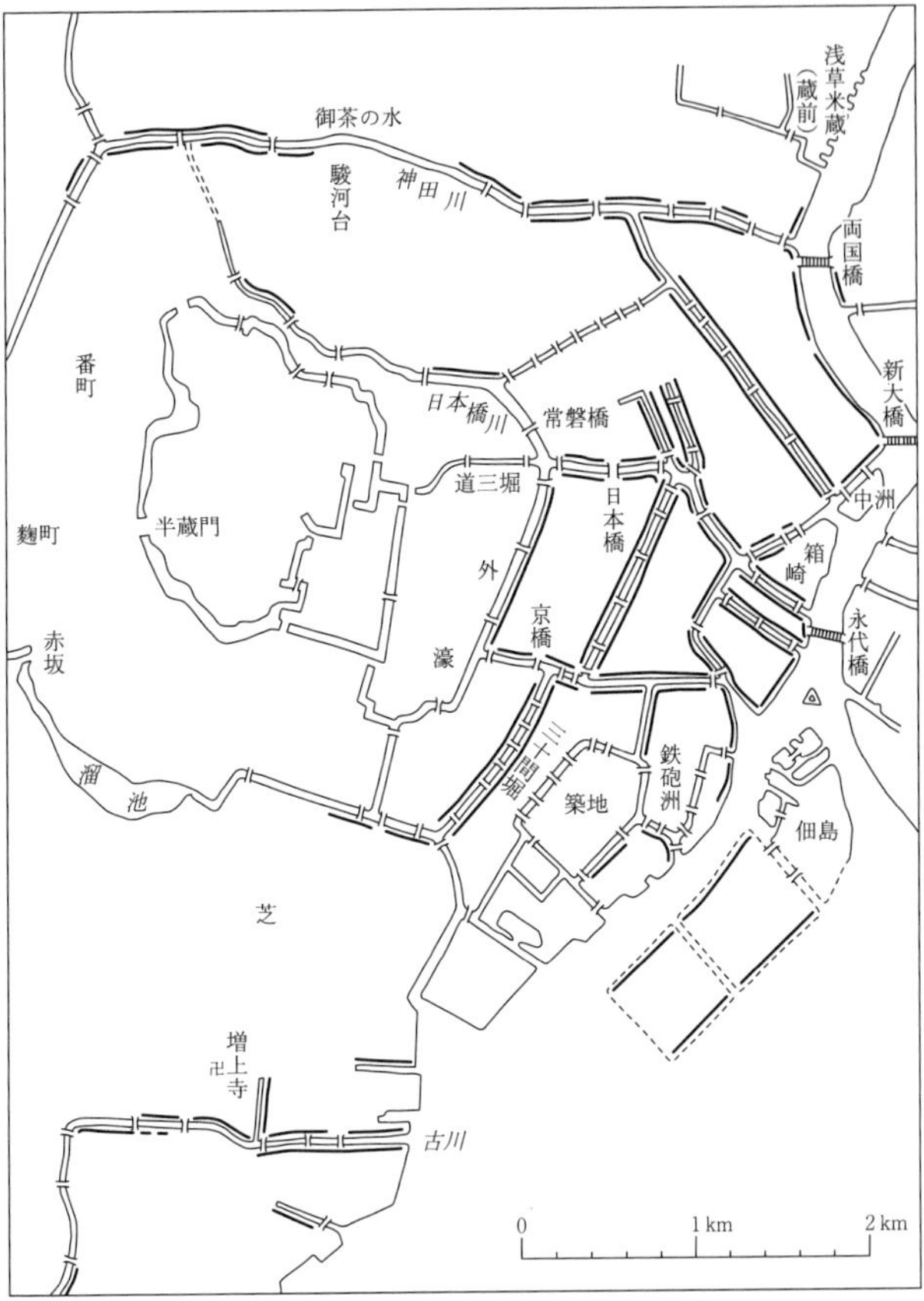

図 1-12　江戸後期の掘割と河岸（鈴木 1989 の図をもとに作成）

用途をもっており、先ほども述べたが、やや遡った蔵前に年貢米や買上げ米を保管する幕府の御蔵があり、その対岸の両国にやはり幕府の建築用資材を保管する竹蔵が設けられていた。こうした大きな面積を必要とする施設が都市の中心からやや外れた水辺にあるのは理にかなっている。

このように隅田川とその沿岸は、幕府にとって物資の運搬や集積のための場所であったが、その舟運は、少なくとも近世においては、物流の船が多く行き交うセーヌ川、テムズ川とは異なり、荷を積んだ船や筏に交わり遊びの小舟が数多く浮かぶ、いささかのどかな風景を示していたといえよう。

†物流だけではない多様な川の役割

フランスのアナール派の著名な歴史家、アラン・コルバン氏が来日した際に、対談する絶好の機会をとらえ、隅田川とセーヌ川を論じ合ったことがある。セーヌ川沿いに江戸東京のような娼婦が出現するようないかがわしい場所があったのかを尋ねると、そういうゾーンはもう少し内側にあり、より古い時期は別として、一八世紀のセーヌ川沿いには見られなかったと彼は説明した（コルバン・陣内二〇〇四）。その時代のセーヌ川沿いには、堂々たる建築物が建ち並び、立派な石橋が幾つも架けられ、水辺の庶民的で猥雑な雰囲気は薄れていたのだろう。

それに比べ日本の都市の水辺にはより遊び心があり、また俗っぽさがあった。しかし、その背後で聖なるものと結びつくのが特徴だ。いかがわしさも都市の活力には重要で、そのようないかがわしさと繋がりながら両国広小路の水辺に盛り場が生まれ、対岸の東両国の橋のたもとには夜鷹《よたか》と呼ばれる辻に立つ娼婦が出没した。隅田川の両岸には、水辺で優雅に楽しめる料理屋（料理茶屋）が数多くあり、山谷堀を上った最奥の吉原には遊郭が控えていた。

隅田川沿いの有名な料理茶屋では天保期前後に「書画会《しょがかい》」という催し物が流行し、文化サロンの役割を果たしたという。著名な儒学者、書家、絵師らによる書画に人々は親しみ、料理茶屋で出される飲食を楽しんだのだ（小山二〇一七）。

隅田川は、本来、仏様が水中出現した川であることから、聖空間としての性格をもち、そのため元禄五年（一六九二）、幕府が高札を立てて、南は諏訪町《すわちょう》から北は聖天町《しょうでんちょう》までの間で、魚を獲ったり鳥を殺してはいけないという殺生禁断の川になった、と竹内誠は指摘する（竹内二〇一七）。

隅田川に聖なる力を人々が感じていたからこそ、大山《おおやま》（現在の神奈川県にある山）詣に出かける前に、両国橋の袂《たもと》で、無事と悪病の退治を願い、川に入り水を浴びて心身を清浄にする水垢離《みずごり》を行う習慣があった。

隅田川をはじめとして日本の都市での川の役割は実に多様で、飲料水、農業、漁業、舟運、流通・商業活動、工業、そして特に重要なものとして信仰、儀礼、祭礼、そしてレクリエーション、演劇など、色々な用途で使われてきた。物流、生産などの経済活動以外のジャンルで、水がこれほど多方面で重要性を持つということは、パリやロンドンにはなかっただろう。

4　近代から現代へ

†時代が違う二つの景観描写

奈良県立美術館蔵の「浅草吉原図巻」(一七世紀末〜一八世紀初頭頃)は、隅田川の役割、意味を象徴する興味深い絵画史料だ(図1‐13)。新吉原へ至る舟運ルートの有力な起点となっていた柳橋から新吉原までの道程に四季折々の光景を散りばめて描いた絵巻である。作品中で舟は柳橋からスタートし、隅田川の大きな水面に躍り出る。水上には屋形舟、花火舟、物売り舟などが見られる。隅田川を上流に向かい、右岸には浅草御蔵の水際の首尾《しゅび》の松、船着き場のある駒形堂《こまがたどう》、ついで待乳山聖天を見ながら進む。隅田川を西に折れ山谷堀で降り、日本堤を歩いて大門をくぐり、新吉原に至るのだ。遊び心満点のこの道程が絵巻のなかに巧みに描き込まれている(江戸東京博物館二〇一〇)。

図1-13　「浅草吉原図巻」部分（奈良県立美術館蔵）
山谷堀・待乳山・浅草寺のあたり

水の都市のさまざまな象徴、隅田川の水辺のトポスのあり方が、そして「奥性」をもった江戸ならではの都市空間の特質が、ここにすべて表現されている。政治権力から遠く、しかも都市創建の伝説、神話を基層にもつ隅田川上流域の浅草寺、待乳山、そして辺界の悪所ともいわれる奥座敷の新吉原が、江戸の都市空間の奥に位置し、人々を惹きつけるという、独特の構造をこの絵巻は物語る。

　この絵巻に描かれた川沿いの風景の構造は、江戸時代を通じて、それほど大きくは変わらなかった。だが、近代に入り、明治中期から殖産興業政策のもと工業化が始まると、隅田川の役割には大きな変化が生まれる。

『新撰東京名所図会』にある山本松谷《やまもとしょうこく》が明治三〇年頃に描いた「中洲附近之景」は示唆的で、中洲にはまだ真砂座《まさござ》があって江戸情緒を残しているが、隅田川の向こう側には浅野セメントができており、水上を行く舟の多くは荷を運ぶもので、遊びの舟はほとんど見られない（図1-14）。同じ山本松谷が描いた向島枕橋《まくらばし》の料亭「八百松《やおまつ》」や、浜町の料亭街など、江戸を受け継ぐ水辺ならではの営みは続く反面、隅田

図1-14　山本松谷「中洲附近之景」(『新撰東京名所図会』)

川のイメージは変化し、とりわけ川向うは近代の工業開発地に姿を変えていったのである。

ロンドンの川向うに位置し、菜園や劇場に加え、木材、石材置き場、皮なめしや革の加工産業などを抱えていたテムズ川南岸が、近代の工業ゾーンに発展したのとも似ている。

近現代の変化

その後、関東大震災を機に、隅田川周辺の環境は大きく変化した。江戸情緒を受け継ぐ料亭の多くは姿を消し、それに替わって浜町公園、隅田公園という西欧近代の輝かしいデザインによる都市空間が颯爽と水辺に登場した。震災前は本所区の北十間川沿いの押上を終着駅としていた東武鉄道が、震災後には隅田川を越えて、新築になった松屋浅草店の中にそのまま電車が入るモダンなターミナル・ステーションを創り出した。この大規模なデパート建築は、白亜の殿堂の趣をもち、まだ低い建物ばかりの水辺で、隅田川に向けてその威容を誇った。日本初の常設によるデパートの屋上庭園が登場し、眼下に隅田川が見渡せる「航空艇」というロープウェイが設置されるなど、近代の夢をアピールしていた。

冒頭で述べた通り、戦後、特に高度成長期に近代化、工業化の進展で水質が悪化し、水辺のイメージも大きく低下した。だが、時代は転換し、脱工業化の動きを背景に、環境、文化への人々の意識も高まりを見せ、一九七〇年代中頃から東京の水辺は復権に向かった。特に、人々の思いが強い隅田川からその動きが始まったといえる。

嬉しいことに昨今、隅田川の復活がよく話題になる。やや遡るが、二〇一二年三月一八日には、江戸以来の伝統だった船渡御が五四年ぶりに復活。同じ年の五月六日には、完成したばかりの東京スカイツリーが背後に聳える隅田川を舞台に、約一〇万個の太陽光蓄電式LED「いのり星」を川に流す「東京ホタル」というイベントが開催され、その幻想的な風景が大勢の人々を魅了した。江戸の伝統と先端技術の世界が融合した水辺シーンは、いかにも現代の東京らしい。

†柳橋花柳界の風景再現

近未来に向けてさらなる隅田川の蘇りのイメージを構想するためにも、比較的近い過去にまで存在した、遊び心に満ちた東京ならではの水の空間の情景を、この章の締め括りとして描き直しておきたい。

隅田川の華やかな水辺風景といえば、かつての柳橋の賑わいを思い起こす。神田川の河口、柳橋界隈の水面には、今も多くの屋形舟が浮かび、江戸情緒をたっぷりと感じさせる。私の最も好きな東京の風景の一つだ。しかし、柳橋の本当の中心は、そのような屋形舟よりも隅田川に面した料亭街にあった（図1-15）。今こそマンションやオフィスビルの高い建物群に転じたが、高度成長期に入る直前の、隅田川から見た柳橋の見事な夜景写真が残されている（本章扉写真）。不夜城のような水辺の料亭街の明るい室内で酒宴を楽しむ人々の様子が伝わる。

花柳界《かりゅうかい》といえば、我々世代には縁遠い存在だ。幸い高校時代の友人、小安亮氏の本家が柳橋を代表する「割烹《かっぽう》小安《こやす》」を一九八七年（昭和六二）まで営んでいたご縁で、その最後の女将、小安幸子《こやすゆきこ》さんにお話をうかがい、資料を拝見する貴重な機会を得た。江戸橋広小路の復元はよく話題になるが、つい最近まであった柳橋の料亭街のかつての賑わいの状況を記録することも重要である。

そもそも江戸以来の「両国川開大花火」をずっと支えたのは、隅田川に面する柳橋料亭街だった。一九五七年（昭和三二）には、総武鉄道鉄橋を境に、蔵前橋までの上流に老舗の「いな垣」をはじめ一三軒、両国橋までの下流に、この「割烹小安」を筆頭に一〇軒も料亭が並び、花火大会を支え盛り上げる主役だったのだ。私もしばしば屋形船の宴会でお世話になる柳橋の船宿の老舗「小松屋」の三代目の回想録によると、料亭はそれぞれ張り出し桟橋を隅田川の上に出し、小さい屋根舟が自由に出入りして、川を賑わしていたという。現代に復活させたい光景だ。

図 1-15　柳橋料亭街を描いた「河岸ぶちの家」
（「柳橋新聞」第 9 号 12、昭和 33 年 10 月 15 日、提供：柳橋町会）

実は、長らく途絶えていた屋形舟を一九七七年（昭和五二）に復活させたのが、この船宿「小松屋」で、それを応援したのが、「割烹小安」の幸子さんの先代の女将、小安寿《とし》子《こ》（トシと呼ばれる）だった。小安亮氏の伯母にあたる。栃木出身で若い頃から花柳界に親しみ、一九四七年（昭和二二）、念願の店を柳橋に主人の嘉一郎と出した。嘉一郎氏が花柳界の社会的な付き合いに忙しいなか、女将トシさんが店のすべてを仕切り、柳橋の顔でもあった。その「小安」の長男小安一利に嫁いだ幸子さんは、日本舞踊の名取であり、若女将として一利氏とともに柳橋をもり立てた。相撲界の栃錦や出羽錦、そのタニマチだった財界人、福田派の政界の大物なども「小安」を贔屓《ひいき》にしたという。

しかし、汚染が進んだ東京オリンピックの前後には、川が臭くて窓も開けられない状態で、これは水辺の料亭にとって致命的だった。そのような逆境の中でも、東京都に働きかけてヘドロの浚渫を実現し、舟を水面に浮かべ、堤防内の隙間から小規模に上げる花火をお客が楽しめるように工夫した。そんな試みが、川の汚れや交通事情により中断していた両国の花火大会が一九七八年、「隅田川花火大会」として一七年ぶりに復活することに繫がったそうだ。ただ、その打上げ場所は上流に移動し、大勢が見られるよう会場も二ヵ所に分かれた。

幸子さんに案内してもらい、柳橋の元花柳界の界隈を歩いた。花街の中心、検番は「割烹小安」のはす向かいにあった。幸子さんが一九八七年に廃業し、数年後には検番も姿を消した。だが、今も花柳界の雰囲気を伝える木造数寄屋造りの建物が幾つかある。仕出しを取り、今風に言えば、二次会的に使われた待合や芸者さんの置屋の建物がそれなりに残っている。立派な料亭風建築の姿もちらほら見られ、若い芸者達が集まったスナック「ときわ」、老舗の「美家古鮨」なども、往時を感じさせる。銭湯、髪結、そして、高架鉄道の下の車屋など、次々にかつてあった花街の姿が、幸子さんの記憶で眼の前に蘇る。

花街には、幾つもの小さな神社がある。「割烹小安」の神社は、近くの火事から守る神を祀った石塚稲荷神社で、その入口の両脇には、「柳橋藝妓《げいぎ》組合」、「柳橋料亭組合」の文字が大きく彫られている。玉垣には、小安を含む沢山の料亭や待合の名が寄進者として刻まれている。他にも、「江戸名所図会」「切絵図」にも登場する篠塚稲荷があり、この玉垣も多くの店が寄進したことを語っている。

元の花街を一巡した後、我々はコンクリート護岸を階段で越えて水辺に出た。広い水面の向こうに東京スカイツリーがそびえ、実に開放的な雰囲気がある。幸子さんによれば、先代の女将小安トシは「いつか水辺を快適に歩ける道がほしいわ」と語っていたとのこと。今は、料亭街は幕を下ろして久しいが、割烹小安をはじめ、柳橋花柳界の人達の尽力で、花火や屋形舟が復活し、隅田川の再生への大きな原動力になったことを知れたのは、嬉しい発見だった。

†隅田川の近未来とは

隅田川はやはりセーヌ川やテムズ川とは異なる独自の歴史と特徴をもっており、たくさんの固有の経験の蓄積がある。明治以後、我々日本人にとって、セーヌ川やテムズ川は憧れの西欧を代表する河川だった。

確かに、ノートルダム大聖堂、ルーヴル美術館から近代建築まで、美しいモニュメントが揃った世界遺産としてのセーヌ川の景観は素晴らしいが、だからといってそれをそのままモデルにするのは、今後の東京の都市づくりが目指す方向ではない。シティやウェストミンスターの歴史的建造物と先端的な現代建築による再開発をダイナミックに組み合わせた近年のロンドンを範にする必要もないだろう。

東京の隅田川には、文学作品、落語、浮世絵、邦楽の様々な表現に見られるような、江戸、あるいはそれ以前からの歴史の重なりを深層にもつイメージ豊かな固有の水の文化がある。その経験や記憶が集団としての我々の身体に受け継がれているはずだ。そこに新旧の要素が独特の想像力や美意識で結ばれた現代の日本文化のヴァナキュラーな面白さが生まれている。

トップダウンで大掛かりな都市空間をつくる西洋的な論理の都市づくりではなく、多様性に富み、人々の遊び心と創造的な活気に満ちた日本らしい自由な空間としての水辺こそが、二一世紀の隅田川には似つかわしい。

第 2 章

日本橋川――文明開化・モダン東京の檜舞台

川に正面を向ける日本銀行本店（明治末頃）（日本銀行アーカイブ蔵）

1　近代の舟運と河岸――東京に受け継がれた水の都市

†水上交通の時代

江戸が水の都市であったことはよく知られるが、鉄道や路面電車が登場した近代の東京については、陸の都市に変化したと考えられがちである。だが実は、江戸を受けついだ明治の東京は、多くの川や運河をもつ水の都市であり続けた。舟運の重要性も、近代になってもずっと変わらなかった。むしろ、近代には動力船ができ、速度も輸送量も増えたのだ。昭和の初期になっても、東京にとって水の空間は依然重要で、行き交う船の数も多かった。

江戸から東京への転換を見れば、「水運（舟運）から陸運へ」という大きな変化はあるものの、重要なのは、文明開化以後の近代になっても、そして昭和の時代になっても、水上交通が依然活発だったという点である。

水の都市の性格が失われたのは、第二次大戦以後のことであり、水上交通をすっかり捨て去ったのは、一九六四年のオリンピックを迎える直前の時期以降のことだった。

†舟運の強化

近代には舟運も変化し、蒸気船による大量輸送時代を迎えた。たとえば、一八七七年（明治一〇）には利根川水系で活躍する定期貨客船「通運丸」という名の木造外輪蒸気船が営業を開始した。最初は小名木川の扇橋《おおぎばし》に始発場があったが、後に両国にターミナルができて繁栄し、上利根方面、銚子方面への船が就航、大勢の客を運んだ。第1章でも触れた川田順造の故郷、小名木川の高橋という町も、舟運の基地として繁栄した場所である。

明治中期に舟運が重視されていたことをよく物語る事実がある。江戸から明治に水都の構造が受け継がれた頃、実は、今の日本橋川の上流の部分は船が通れなかった。それには神田川が関係している。江戸の初期に町を水害から守るため、上流から流れ込んでいた平川《ひらかわ》を東側へ付け替えて、隅田川へ流れ込む今の神田川とした（御茶ノ水付近の渓谷は、人工的に掘った水路である）。目白の方から流れてくる神田川の水は、流路の向きを東にかえられ、日本橋の方には水が来ないように川筋の一部が埋められたのである（図2－1）。こうして堀留の状態になっていた日本橋川上流の部分は、一八八四年（明治一七）に始まる市区改正計画に基づいて、明治三〇年代に掘削工事が行われ、神田川と日本橋川を繋いで船の周遊が可能になった。そこに明治政府の舟運重視の考え方を見てとれるだろう。

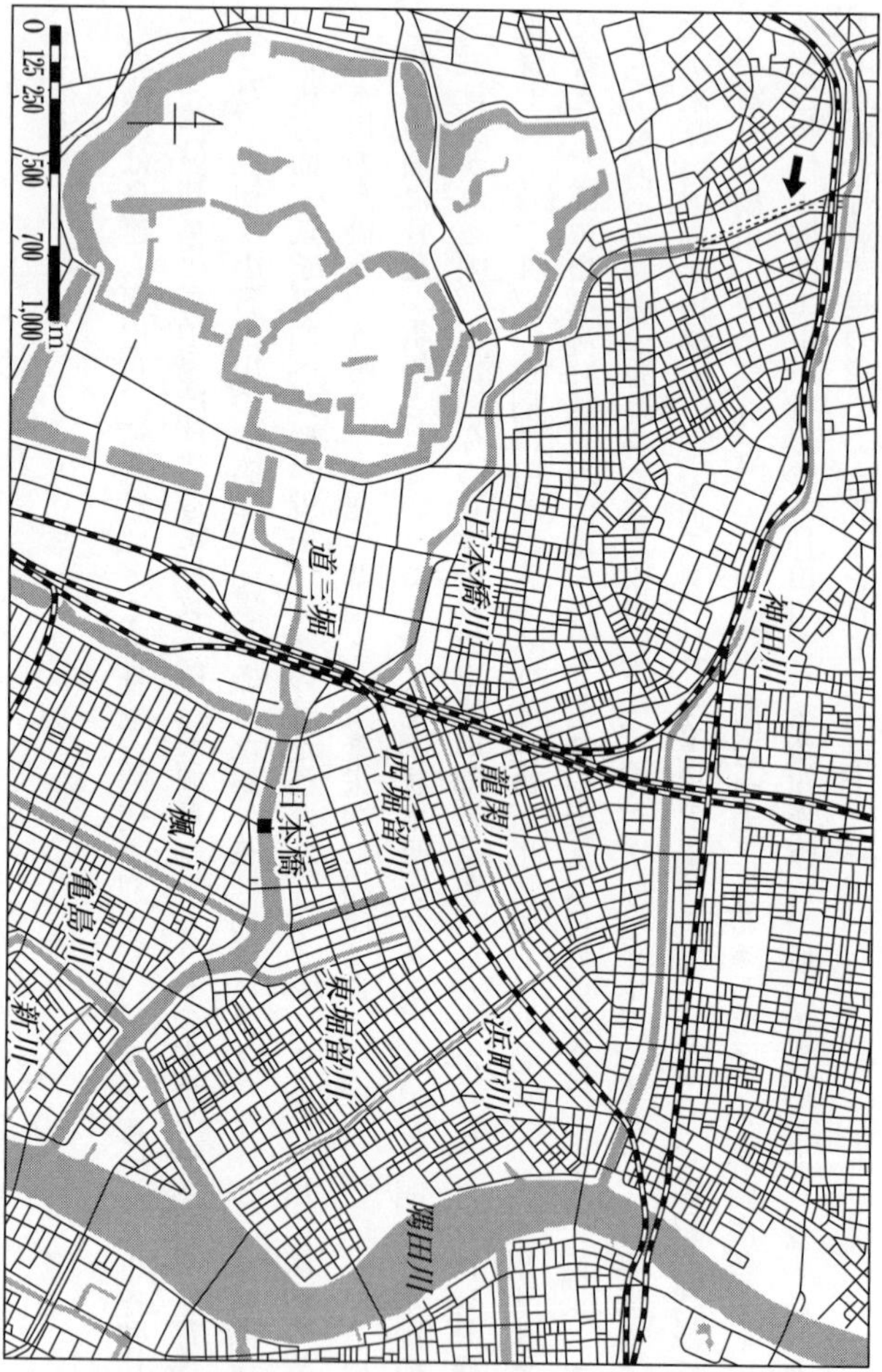

図 2-1　現在の都市構造に幕末の水路を重ねた図（恩田重直氏の図をもとに作成）　右上の矢印が示す点線部分が明治30年代に掘削された部分

同じ頃、鉄道の導入で、甲武鉄道の終着駅「飯田町駅」が誕生するが、それはまさに江戸時代の河岸に似た機能をもっていた。やがてそこに貨物駅も生まれ、さらに水戸藩の屋敷跡に「砲兵工廠《ほうへいこうしょう》」がつくられたこととも結びつき、この地でも舟運が重要となった。江戸時代、市ヶ谷地区の高台に尾張《おわり》の屋敷があり、神楽河岸の船着き場が江戸時代からあったが、近代に河岸の整備がより広範に進み、舟運が強化されたというわけである（高道二〇一八）。明治以後の近代化の過程で、むしろ東京の舟運は強化されたのだ。

甲武鉄道の煉瓦《れんが》の橋脚が、関東大震災にも耐え、神田川から日本橋川に入る所の鉄道橋の下に今も残っている。明治の貴重な土木構造物だ。日本橋川沿いには、江戸の石垣、明治初期の常磐橋《ときわばし》の石橋、昭和初期の復興橋梁《きょうりょう》など、歴史的資産が多い。建築物が時代の要請で残念ながら建て替えで姿を消すことが多いのに対し、都市を根幹から支えるインフラとしての土木構造物は、長い寿命でもち続けている。これらの重い大量の石材も、江戸から近代東京にかけて、遠方よりもちろん船で運ばれてきたものだ。

ちなみに、日本橋の上流に登場した「日本銀行本館」（一八九六年、本章扉写真）には、瀬戸内海の北木島《きたぎしま》などから船で運ばれた良質の花崗岩《かこうがん》が大量に用いられた。正面を飾る一本物の花崗岩を何本も運び込み、その荷揚げをするため、河岸の整備がまず必要とされたのだ。逆に言えば、掘割に接していたから、辰野金吾《たつのきんご》もこれほど大量の石を用いた建築を構想できたのだろう。

†河岸と鉄道駅

河岸に登場した鉄道駅は、近代前期における水から陸への変化の過渡期を表す象徴であるが、これは前述の飯田町駅をはじめ幾つもある。旅客のための駅機能がなくなった後、貨物駅として存続していた例が多いが、近年、それらが不要となり、再開発の格好の場所となった。

たとえば秋葉原の貨物駅は、舟運と結ぶため北の方からわざわざ水路を掘り、舟入《ふないり》を設けていた。両国の現在、江戸東京博物館があるエリアは幕府の資材置場である御竹蔵だったが、一九〇四年（明治三七）にその一角に私鉄の総武鉄道の「両国橋駅」が千葉方面からの終着駅として開業し、隅田川からの運河を使って水運と繋がる貨物駅もできた。後に鉄道は国有化され、やがて関東大震災後に「両国駅」へ改称され、隅田川を越えて、対岸の都心へ総武本線として入っていくという経緯をたどった。

象徴的なもう一つの事例として、東京スカイツリーができた東武鉄道の「押上」がある。ここも本来、河岸にできた終着駅形式の鉄道駅であり、船との結節点だった。やがて関東大震災後に鉄道が隅田川を越えて、浅草の方まで入っていくと、元の押上駅は貨物駅として残された。その大きな跡地の有効利用として、東京スカイツリーの登場ということになったのだ。

都市のなかのどこが繁栄するかは、交通手段の変化によって、時代とともに大きく変わった。江戸から明治初期には遊びの船がたくさんあった隅田川一帯も、物流・工業にその役割が変わり、物を運ぶ船ばかりになった。「浅野セメント」の工場ができるなど、煙突が立ち並ぶ光景が広がり、それが戦後の一九六〇年頃まで見られた。江東地区の掘割には物資を運ぶ船がぎっしり水面を占めた。

図2-2　日本橋魚河岸（大正期）（中央区立郷土天文館蔵）

一方、日本橋の「魚河岸」も大正期まで、船を使いフルに機能した（図2-2）。早い段階から移転の議論はあったが、結局、関東大震災後に築地に移転するまで、底の浅い平田船で魚をどんどん運び、荷を揚げていた。震災の直前の一九二一年（大正一〇）に東京市によって行われた交通量調査の結果を示す図（「東京市内河川航通図」『東京市内河川航通調査報告書』都立中央図書館蔵）があるが、船の往来が活発だったことをよく物語る。小名木川、北十間川なども多くの通行量を誇った。

2　水辺空間の文明開化

†近代の水辺空間の景観変化

明治以後は、むしろ舟運が強化され、水上を行き交う船も相変わらず多かった。水の側から都市を見る視点も江戸から受け継がれ、絵画に加え写真にも水の空間の情景美が表現された。しかし、川沿い、掘割沿い、ウォーターフロントの都市景観という点では、大きな変化が見られた。

日本の都市では、独自の自然条件として、河川は急流が多く、台風、豪雨が襲い洪水、高潮の水害が頻発する宿命にある。都市の基盤をつくった江戸時代、人々は水害のリスクのある川沿いや河口をあえて選び、舟運が使え水を活かせるメリットの方に重きを置き、危険を承知でそこに都市を建設し、減災につとめながら、経済的にも文化的にも繁栄を獲得したのである。江戸はまさにその代表だった。

日本の河川の特徴と結びついた言葉に「河原」がある。この言葉はどうも、外国語に置き換えるのが難しいようである。実際、海外の都市には、同じような空間は見出しにくい気がする。

豪雨の際には、それが大量の水を流す空間となるが、普段は乾いた広いオープンスペースで、そこに多様なアクティビティが生まれた。たとえば日本の都市では、歴史的にも芝居は河原から生まれたといわれる。そこは歴史家の網野善彦《あみのよしひこ》が論じたような、「縁を切る」ことで、それまでの社会のしがらみから逃れ、自由になれる「無縁」の原理が働く場であり、西欧における「アジール」と同様、当局の側からの管理が及びにくく、民衆的な自由空間が成立しやすかったのである（網野一九七八）。日本の川沿いの空間には、その不安定さと引き換えに民衆に親しまれる自由度のある空間が成立していたのだ。

こうした背景のもと、日本ではパリやロンドン、ヴェネツィア、アムステルダムのように、河川や運河に沿った水辺に立派な建物が堂々と建ち並び、華麗なる都市景観が生まれるということはなかった。隅田川の上流域や江東の掘割沿いなどに、神社や寺院が古くからつくられたが、少し内側の微高地に本殿、本堂がつくられ、境内を囲んで築地塀などが水辺近くに巡らされるのが常だった。隅田川下流域の下屋敷《しもやしき》も、水辺に築地塀《ついじべい》がめぐり、閉鎖的な景観だった。

橋のたもとの広小路には、うって変わって賑わいが溢れた。仮設の茶屋が水辺を占め、内側には葭簀《よしず》張りの小屋が建ち並んだ。いざとなれば撤去可能な仮設建築ばかりで、独自の民衆的な雰囲気を生んでいた。

水に面する開放的なつくりの建築としては、隅田川、神田川、池のまわりにつくられた料亭建築があった。空調のない時代、水面を渡る涼しい風を取り込み、気持ちよい環境のなかで、人々は優雅な時間を楽しんだ。そこを舞台に、書画会のような文化サロンの活動も行われた。

一方、経済活動が活発な日本橋を中心とする内部の掘割に沿っては、白壁の土蔵が並ぶ景観が一般的で、これまた西欧の建築美を誇る水辺とは異なっていた。

文明開化をきっかけに、こうした事情に大きな変化が起きた。水辺に壮麗な洋風のモニュメントが続々と登場したのだ。この時代、堂々とそびえる洋風建築が都市に出現し、新たな名所、ランドマークとして人々の好奇心を惹きつけた。実際、絵師がその姿を数多くの絵画作品に描いている。水辺はもともと、空間に広がりのある「絵になる場所」だっただけに、そこに洋風のモニュメントが登場すると、一層際立つ存在となりえた。

†水辺の壮麗なモニュメント

文明開化を代表する清水喜助《しみずきすけ》の手になる二つの和洋折衷《せっちゅう》建築が登場したのは、まさに水辺の空間だった。そもそも築地居留地がウォーターフロントにつくられ、洋風の邸宅が海辺を飾ったが、その最大の象徴である「築地ホテル」はコロニアル・スタイルの低層部の上に城郭のような建築をのせた独特の折衷様式で、西欧への憧れと日本的な風格と信頼感とを見事に表現するものだった。

図 2-3　『海運橋三井組為換座之図』（日本銀行貨幣博物館蔵）

日本橋川から分岐する楓川の海運橋のたもとに一八七三年（明治六）に登場したもう一つの和洋折衷建築「海運橋三井組為換座」は、政府の政策により翌年には日本初の銀行「第一国立銀行」となり、一八九七年（明治三〇）頃に解体されるまで、この建物が文明開化の神話的象徴としてそびえ続けた。江戸を受け継ぐ文明開化の東京の真ん中に位置するだけに、風景に与えた影響は大きく、その姿が多くの錦絵に描かれることになった（図2-3）。文明開化の東京の風景の意味を解読した前田愛は、第一国立銀行にも眼を向け、海運橋際に出現した文明の「ピラミッド」が、富士山を象徴とし自然の遠近法と見事に調和する平坦な江戸空間の安定した都市景観の構造に亀裂を走らせ、新しい都市の修辞法を浮上させ始めた、という面白い解釈を示す（前田一九八二）。遠景としての富士山に替わる人工的な構築物のランドマークが都心の橋のたもとに出現した意味の反転は大きい。

一八七二年（明治五）につくられた「新橋停車場」も駅前広場を介して重要な河岸に面し、水辺のモニュメントの役割を演じていた。駅前広場に人力車がとまり、手前の掘割には小舟が浮かぶ古い写真が残されていて、いかにも水辺に登場した文明開化の駅の雰囲気を伝える。

江戸城＝皇居の内濠に面し絶好のロケーションを占める井伊邸の跡に登場した「参謀本部」の建物（一八七九年）は、緩やかに弧を描く桜田濠《さくらだぼり》の水面と皇居の緑の土手を近景とし、その背後に堂々たるランドマークとして丹精な姿をもってそびえ、人々の目を釘付けにした。御雇外国人のなかで最初の本格的建築家として一八七六年に来日したイタリア人建築家、ジョヴァンニ・ヴィンチェンツォ・カペレッティが設計した本格的な洋風建築で、いかにも江戸らしい水と緑の空間的コンテクストの中に、見事に新時代のモニュメントを挿入した。

前述した辰野金吾が設計し一八九六年（明治二九）に竣功した「日本銀行本館」も、川に直行する道路側に正門を設け、軸線の上に前庭・玄関・ドームの構成をとるように見えるが、実はそちらは銀行建築にとって重要な紙幣等を運び込む動線であり、むしろ日本橋川の側に公式の玄関、その二階に貴賓室を置き、堂々たる都市型建築としての外観を飾っていたように思える。その堂々たる建築造形は、まさに水上を行く船から見ると最も映えていたに違いない（本章扉写真）。

江戸東京のメインカナル、日本橋川に架かる「日本橋」は明治末に花崗岩の石橋に架け替えられることになり、一九〇八年（明治四一）に着工し、一九一一年に完成した。その際に、意匠設計を担った妻木頼黄《つまきよりなか》の「水の都市」への心情、思いを面白く読み取ったのが、長谷川堯《はせがわたかし》だった。長谷川は、幕臣の血を引く妻木が、近代的な都市へ転換する明治の東京に、江戸から続く「水の都市」のイメージを復権すべく、水上のモニュメントを構想したとする。そして、この日本橋川を「水上のシャンゼリゼ」とネーミングしたのだ（長谷川一九七五）。

このように近代首都となった東京を舞台とする文明開化は、まさに水辺から始まったといえるだろう。それればかりか、後に述べるが、震災復興期のモダン東京においても、建築、橋梁、川沿いの公園など、実に多くの建造物が水辺に颯爽と登場し、新たな都市東京の空間イメージを創り上げたのである。

3　東京に映し出されたヴェネツィア

†東京＝ヴェネツィア

このように、水の都市の性格は、江戸から文明開化以後の東京にしっかり受け継がれた。特に、都心部・下町は、水路が網目のように巡り、ヴェネツィアと似ているとしばしば指摘されてきた。そればかりか、この東京には、明治以後、ヴェネツィアの建築イメージをそのまま再現したような建物が幾つも登場したし、ヴェネツィアに憧れ、その都市イメージを重ねたような水の空間を創り出そうという構想が何度も提案された。あるいは、水の都市として再評価するのに、ヴェネツィアとのアナロジーを用いて魅力的に論じることも多かった。また戦後には、ヴェネツィアのまるでコピーのような都市空間が実現した例もある。ヴェネツィアはこうして、東京の水の空間の重要性を人々に再認識させる上で、いつの時代も大きな役割を演じてきたのである。

本節では、幕末から昭和の初期にかけての東京の水都の変遷を、東京＝ヴェネツィア論の視点から追ってみたい（以下、陣内二〇一三をもとに述べる）。

†コンドルのヴェネツィア風建築

ヴェネツィアと東京が似ていることを初めて指摘したのは、幕末（一八六二〜六四年）の日本にスイスの外交使節団の団長としてやってきたエーメ・アンベールだった。江戸の隅田川沿いを見て回ったアンベールは、その平和な雰囲気に満ち人々の活気のあふれる美しい水の空間を高く評価した上で、それを世界の他の場所で求めるとすれば、アドリア海の女王、すなわちヴェネツィアの岸辺や広場しかないだろうと書き残している（アンベール一九七〇）。

文明開化の時代になって、明治の東京に、ヴェネツィアのイメージを最初にもたらしたのは、ロンドン生まれのイギリス人建築家、ジョサイア・コンドル（一八五二〜一九二〇）だった。すでに建築家としての優れた才能を示し始めていた彼は、一八七七年（明治一〇年）、工部省の招聘により来日し、現在の東京大学工学部建築学科の前身である工部大学校造家学科教授（工部省営繕局顧問兼務）となり、日本における建築家の第一世代、辰野金吾、片山東熊《かたやまとうくま》、曾禰《そね》達《たつ》蔵《ぞう》に建築学を教えた。日本の建築界の生みの親といってよい。

同時にコンドルは、近代の首都、東京に必要となる重要な公共建築の設計を行った。まずは、来日してただちに「東京帝室博物館」（一八八一年竣工）、続いて「北海道開拓使の建物」（一八八〇年竣工）を手がけた。その建築様式が一風変わったものだった。コンドルは、極東の日本に相応しい近代の建築を設計するのに、西洋のものを直接導入するのを避け、ちょうど西洋と日本の中間にあり、オリエンタルな文化を代表するイスラームの様式を意図的に選んだ。また、そのオリエントの影響を受けながら成立したヴェネツィアの建築様式を、東西の架け橋に相応しいものとして採用したのだ（藤森一九七九）。

コンドルが生まれ育った一九世紀後半のイギリスには、異国趣味を好むロマンチシズムの傾向が見られ、オリエント、インド、中国へ、さらには日本にまで関心が広がっていた。コンドル自身もそうした文化風土で育ち、日本文化への強い関心をもっていた。しかも、一八七六年、

図2-4　北海道開拓使物産売捌所設計図　立面図（南面・東面）
（日銀アーカイブ蔵）

日本へ向かう途上、フランスに数日滞在した後、一一月にはイタリアで約一ヶ月を過ごし、ミラノ、パヴィア、ヴェローナ、ジェノヴァ、ヴェネツィア、フィレンツェ、ローマ、ポンペイ、ナポリの各地を巡り、熱心に建築のスケッチを重ねた。イスラームの影響を受けオリエンタルな表情をもつヴェネツィアの建築を直接見て、よく知っていたのである（小野木一九七九）。

東京帝室博物館の設計に関しては、最初の計画案（一八七六）はアントニオ・フォンタネージ（工部大学校のお雇い外国人であったイタリア人画家）によるものであると推測されるが、その後コンドルによって引き継がれ、完全に様式を変えて、イスラーム様式の建築として実現した（河東一九八〇）。

次の開拓使の建物は、水の都市、東京を象徴する場所に登場した。日本橋川が隅田川に注ぐ所で、永代橋のたもとにあたっており、大きく水に開く眺望のいい敷地だった。低い塀で囲われ門をもつ敷地に独立して建ち、四面に美しい外観を見せていた。

コンドルの着色されたオリジナルの図面から赤煉瓦色の建物だっ

たことがわかる。一階には、白・赤茶を組み合わせたイスラーム様式独特の二色のアーチを用いたが、二階はヴェネツィア・ゴシック様式の窓とバルコニーの組み合わせで構成されている。三つ葉形のアーチを二つ、あるいは三つ連続させ、しかもそれらを矩形《くけい》のフレーム(枠組み)の中に収める点がヴェネツィア建築の特徴である(図2-4)。しかも、その壁面構成は、中世の一四、五世紀に広がった本物のゴシックの定型そのものではなく、より自由な配列を見せるネオ・ヴェネツィア・ゴシック様式というべきものだ。

コンドルは、東京を代表するこの気持ちのよい水辺に、まさにヴェネツィア建築のイメージを直接表現する建築を実現しようと考えたに違いない。この設計の段階で、辰野金吾ら、コンドルの教え子達も手伝い、図面を引いて貴重な経験を積んだ(藤森一九七九)。

†ヴェネツィア様式の「渋沢栄一邸」

コンドルのもとで建築を学び日本のアーキテクト第一世代の一人となった辰野金吾(一八五四〜一九一九)が、その師の教えをさらに発展させるような見事なヴェネツィア風の建築を、一八八八年四月、東京のメインカナル、日本橋川に面する一画に創り出した。これが、日本の財界の創設者とも言うべき渋沢栄一の自邸だった。一八八四年七月の参謀本部測量局作成の詳細な地図でみると、この敷地はまだ空地の状態で、そのすぐ後に建設されたことがわかる。

図2-5　井上探景「江戸橋ヨリ鎧橋遠景」（中央区立郷土天文館蔵）

ここは、「水の都」江戸・東京の幹線水路、日本橋川の大きく弧を描く景観上も重要な位置にあたり、そのパノラミックな水景の魅力が、明治時代前期の浮世絵師、井上探《いのうえたん》景《けい》の描いた「江戸橋ヨリ鎧橋遠景」に実によく表現されている（図2－5）。この渋沢栄一邸は、東京をヴェネツィアのような国際交易都市にしようと夢見た渋沢が、イギリス留学から戻ったばかりの辰野金吾に依頼して実現した建築で、まさに「水の都」ヴェネツィア風に水の側に正面を向けて開放的なつくりを見せていた。

この建物は、水に面した二階建てで、ヴェネツィアらしい三分割のファサード構成をとる。ただし、間口が大きく、中央の部分を通常より広くとって、そこに六連続アーチを置いている。ゴシック風と言われるが実は、一階に連続アーチのポルティコを配するこの構成は、ヴェネツィアでは、ゴシックより一つ前のビザンチンの様式（一二～三世紀）でよく用いられたもので、東方から運ばれた高価な商品を、船から直接荷揚げできるよう、一階を連続アーチの開放的なつくりにしたのである。辰野のこの作品のアーチは、実はゴシックの尖頭形《せんとうけい》ではなく、ビザンチンの半円形を見せている。円形の装飾要素であるメダイヨンの用い方も、ビザンチン様式を表現するのに、ぴたりと合っている。

†辰野金吾のヴェネツィア滞在

辰野金吾は一八七九年（明治一二）に工部大学校造家学科を卒業し、すぐにロンドンに留学して本場で三年と数ヶ月の間（一八八〇～八三）、建築を学んだ。帰国前の一八八二年三月よりほぼ一年間、フランスとイタリアを旅行し、各地の有名建築を訪ね、スケッチしている。おそらく一二月にイタリアに入り、ヴェネツィアに滞在したことがわかっている。当時、日本人の彫刻家、長沼守敬《ながぬまもりよし》（一八五七～一九四二）がヴェネツィアに住み、ヴェネツィア商業高等学校（現在のヴェネツィア・カ・フォスカリ大学）で日本語を教えながら、ヴェネツィア王立美術研究所（現在のヴェネツィア美術アカデミー）で学んでいた。辰野はその長沼を頼ってヴェネツィアに行き、彼に世話になりながら、それも多分彼の下宿（貸部屋）に居候しながら、この町に滞在したのである。幸い、辰野がイタリアの旅先からヴェネツィアの長沼に宛てた五枚の絵葉書が残されていて、二人の間の親しい交流の様子と、一二月二〇日頃には彼がヴェネツィアからフィレンツェに移ったことがわかる（石井一九九九、千葉二〇〇六）。

辰野は、一八八二年一二月に二〇日間近くヴェネツィアに滞在する間に、この町に魅せられ、建築の構成、装飾やディテールの在り方をおおいに学び、帰国後、渋沢邸の設計の機会を得た時に、その経験を実際に活かすことができたと想像される。自分の師、コンドルがその初期の作品で、ヴェネツィアの建築様式を東西の架け橋として積極的に用いたことも、辰野に大きな影響を与えていたに違いない。

辰野は、実は、渋沢栄一の自邸の前にもすでに、ヴェネツィアの建築様式を用いた設計をしていた。ロンドン留学から戻った彼はすぐに、銀行集会場の設計を依頼され、それは一八八四年七月に竣工した。やがて登場する渋沢栄一の自邸の近い、兜町《かぶとちょう》の一画であった。アンドレア・パラーディオの建築からインスピレーションを受けた古典的な形をベースとしながらも、そこに、矩形のフレーム（枠組み）の中にアーチ窓を配する、ヴェネツィア建築の構成手法を見せている。さらに、渡辺譲《わたなべゆずる》に協力して辰野が設計に加わり、一八八五年に竣工した「逓信《ていしん》省電信本局」でも、こうしたヴェネツィア風の窓が用いられていた。この建物がコンドルの指導のもとに設計された可能性も指摘されている（藤森一九七九、玉井一九九二）。

†日本橋川にヴェネツィアを重ねる

明治における日本人のヴェネツィアへの憧れについて、比較文学研究者である平川祐弘《ひらかわすけひろ》が、その著書の中で興味深く説明している（平川一九六二）。詩人の木下杢太郎《きのしたもくたろう》（一八八五～一九四五）は、第一高等学校の頃（一九〇三～四年）に、授業でゲーテの『イタリア紀行』を声を出して読む教育を受けたことから、ヴェネツィアに大きな関心をもった。夕日を受けた品川のガスタンクはサン・ジョルジョ・マッジョーレ教会と思い看做され、兜橋の渋沢邸はカ・ドロ（「金の家」という名の貴族の館）の姿を幻想のように思わせたというのである。ゲーテの『イタリア紀行』を愛読しながら、小網町《こあみちょう》の河岸、兜町の橋に、まだ見ぬヴェネツィアを当時の若き日本人は想像したのである。日本ではアンデルセンの『即興詩人』（一八三五年刊）の森鷗外による訳が明治三〇年代に出版されていたから、ゲーテの『イタリア紀行』（一八一六年刊、邦訳は一九一四年）の原書にも近づきやすかったようである。興味深いことに、イタリアを、そしてヴェネツィアを日本に伝えた第一の功績者たちは、イタリアの文学者ではなく、「南欧ロマンチシズム」の思いに駆られ、馬車を走らせて南の水郷を目指した北方の詩人達だったのだ。

メインカナル、日本橋川にヴェネツィア風の渋沢邸が聳えていた明治後期、平川が指摘したように、日本の若き知識人の間に、「水の都」東京とヴェネツイアを二重写しで思う精神的な風土が形成されていた。早稲田大学出身の建築家、中村鎮《なかむらまもる》は、一九一二年（大正元）、「東京のヴェニス」と題するエッセイの中で、「水上公園計画」と銘打って、東京にヴェネツィアをつくろう、という夢のある構想を論じている。舞台は、まさに、日本橋川の江戸橋から鎧橋《よろいばし》にかけての一帯で、その中心に、ヴェネツィア風の渋沢邸がある。中村は、ヴェネツィアへの憧憬を強くもちながらも、東京につくるヴェネツィアであるからには、江戸趣味をたっぷり取り入れたいと、次のように述べる。

「すべての家は水に向けて正面を置き、船から玄関に入れなければならない。数多く並ぶ建物の中には、伝統的な芝居小屋、カフェ、ギャラリー、料亭、レストラン、映画館など、歓楽の機能がすべて整っていることが必要である。その一画には、広場がほしい。そこには、コンサートホールを置いて、船の中からでもレストランのベランダからでも見たりできるようにしたい」(中村一九三六、陣内による要約)。

中村によって日本橋川に沿って構想された、ヴェネツィアと江戸情緒を融合した水の都市のイメージは、実に魅力的である。

なお、これまで近代の文学史や文化史でしばしば紹介されてきた木下杢太郎、北原白秋らの「パンの会」は、フランス派だった。東京をパリに、隅田川をセーヌ川に見立て、隅田河畔や小網町の西洋料理屋、あるいは深川の料理屋などに集まり、カフェで語り合うフランス人芸術家と自分たちを重ね、文学・芸術談義にふける青春放埒《ほうらつ》の宴を繰り広げた。いずれにしても、西欧への憧れが、明治の時期、水の都市空間と重なって若い芸術家達の想像力を膨らませたことが興味深い。

†移動する東京のなかのヴェネツィア

明治後期から大正の初期にかけて、港の機能は、江戸以来の中心である日本橋川からベイエリアに移っていった。ヴェネツィアのイメージと重なる水の都市にふさわしい場所も、内部の川や運河から、湾に面した新しい港のエリアに移りつつあった。

洋画家の中村不折《なかむらふせつ》は、一九二〇年（大正九）、雑誌『日本及び日本人』春季増刊号に掲載された「東洋ヴェニス東京湾」と題する小論文において、東京湾に明治中期以後形成され、ホテルが並び、遊楽の地ともなった月島を「東洋のヴェニス」と称し、未来の東京の姿を空想力豊かに表現した（橋爪二〇〇五）。

実際、ちょうどこの時期の一九二一年の鳥瞰図を見ると、手前に描かれた月島の周辺を中心に、数多くの船が行き交い、生き生きとした近代の水の都市が成立していた様子が見事に表現されている。

その後、大正時代、ヴェネツィアと似た水の都市の表情を最もよく受け継いだのは、隅田川の東側に位置する深川だった。これについては、次章で論ずることにする。

4　日本橋川とモダン東京の建築群

†水辺の建築集合の誕生

青年芸術家たちのヴェネツィアへの思いを掻き立てていた渋沢邸が関東大震災で失われた後、それに替わって登場したのが「日証館《にっしょうかん》」(旧東京株式取引所貸ビルディング)の建築で、やはり近代東京の水辺を飾るきわめて興味深い作品である(図2-6)。

明治の渋沢邸と昭和初期の日証館を見比べると、面白い事実が発見できる。ヴェネツィアでは、大運河に面する中世の商人貴族の邸宅＝商館は、直接、建物が水から立ち上がる形式をとり、正面玄関を水際に設ける点に特徴がある。こうした建築のあり方が、かつてヴェネツィアを訪ねた古今東西の著名人を驚かせ、彼らがその強烈な印象を書き残してきた。

ところが実は、辰野金吾設計の渋沢邸は、様式や構成上はヴェネツィアの大運河に面する中世の商館建築によく似ているものの、残された写真から判断すると、直接水に接して建つのではなく、前面に少し空地をとってちょっと後退して建っていたように見える。間知石《けんちいし》(四角錐状の石材)を積んだ護岸の上には手摺《てす》りが巡り、水上からは直接建物に入れず、建物正面より左に寄った位置に設けられた石の階段を上ってアプローチしていたと思われる。

それに対し、昭和初期の震災復興時に登場した日証館は、ヴェネツィアの大運河に面する館とある意味でよく似た、水から建物が直接立ち上がる形式を見せている。なお同じ時期、日本

図 2-6　日証館（1928 年竣工）
（『株式会社東京株式取引所写真帖』平和不動産蔵）
自前の防潮堤上部の装飾的バラスターがアーチ群の下に見える

図 2-7　日本橋川沿いの近代建築群
（『株式会社東京株式取引所写真帖』平和不動産蔵）
橋の袂の東京株式取引所（1927 年竣工）、水に面した日証館（右中程）と江戸橋倉庫ビル（右上）

橋川に面して颯爽と登場した鉄筋コンクリート造の近代建築は、どれも似たような存在の仕方を示すのが興味深い。

その意味では、日証館を代表とする震災復興時につくられ、今も存在する日本橋川沿いの幾つかの近代建築の方が、明治の渋沢邸よりも、水から直接立ち上がるヴェネツィア建築により近い存在だということができよう。舟運がまだ活発で、水の側に都市の象徴的な顔を向ける意識が強かった時代であり、これらの建築は、復興再生となった大東京の花形的な建築として水際に登場したのだ。しかも水際の建築的な構成には、それぞれの敷地の地盤の状況、機能、個別事情などによって様々な工夫がなされていたこともわかる。

考えてみれば、文明開化の時期には、水辺に登場する象徴的建築は、どれも個の存在を華やかに主張するもので、集まって街並みを形成する志向性はなかった。アーバンデザインや都市空間のコンテクストへの理解は乏しかったのだ。だから江戸の文脈の上に点として登場し、際立った名所、ランドマークとなりえたのである。

それに対し、昭和初期のモダン東京では、西欧都市の空間への理解度も深まり、水辺に登場した幾つもの建築が、相互にその文脈を考えて立地し、互いに関係をもって集合し、水の空間軸、あるいは、水辺の街並みを形づくったのだ（図2-7）。まさに、ヴェネツィアの大運河とも相通ずる水辺の建築集合が生まれたといえる。先ほどモダン東京が水辺から始まったと述べたが、それとも符合する。

†江戸橋倉庫ビル――ヴェネツィア商館建築との類似

それではここで、現存する当時の他の建築と比較しながら、水からの立ち上がり方、水際の空間構成に焦点を当て、日証館の特徴、位置づけを考えてみたい（阿部二〇一七）。その前にまず、ヴェネツィアの運河の水際に建つ商館建築のつくり方を見ておこう。軟弱な土地の上に建設される建物だけに、松の木杭を固いカラント層まで打ち込み、その上にイストリア石を積んだ基礎を築き、その上部に煉瓦の壁を立ち上げ、漆喰を塗って仕上げる。水に触れるのは石の部分だけで、木杭は何世紀も問題なく維持される。この考え方は、大正から昭和初期にかけて日本橋川に登場した近代建築に共通したものだったと思われる。

特に、一九三〇年（昭和五）竣工の「江戸橋倉庫ビル」（通称三菱倉庫ビル、現・日本橋ダイヤビルディング、図2-8）に関しては、竣工当時の姿を伝える貴重な史料を参照できることから、詳しい比較が可能となる。現在は、一九七二〜七三年につくられた高潮堤防で元の石を積んだ下層部の外観が隠されているため、残された当時の図面、写真が有力な手がかりとなる。

この江戸橋倉庫ビルは、倉庫建築の性格上、水の側に顔を向け、接岸した艀から荷をホイストクレーンで搬入できる構成をとっている（図2-9）。鉄骨鉄筋コンクリート造で六階のうち一、二階は外装に石を用いて風格を表現し、川側には石積みのように見せた基壇部と建築が一体となった構造物となっている。その内側には地下階がとられ、採光用の丸窓と四角の窓（橋側）が並んでとられていた。建物全体の断面図で見ると、二階から五階までが、柱の列より川側に床スラブが張り出して室内空間をとる構造になっており、その下の一階では、壁面を後退させて荷役（船荷のあげおろし）の場所とし、しかもポルティコ（柱廊）の構成をとってい

図2-8　江戸橋倉庫ビル（昭和6年）
（『江戸橋倉庫概要〔昭和6年〕中央区立京橋図書館蔵）

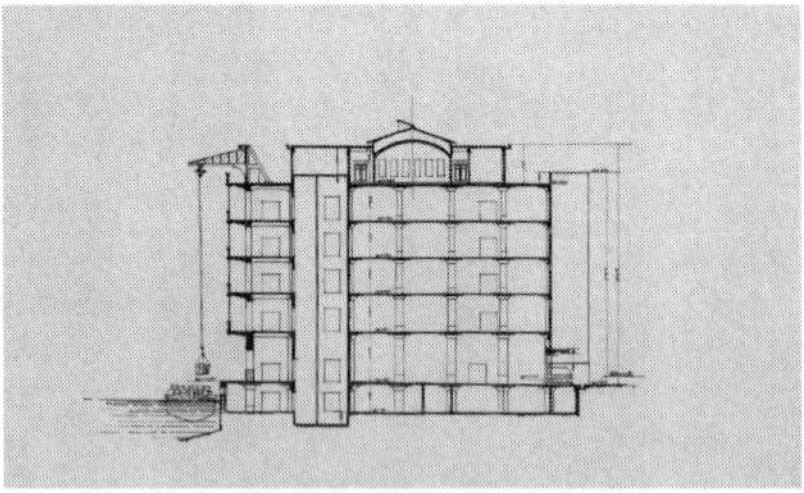

図2-9　江戸橋倉庫ビル断面図
（『江戸橋倉庫概要〔昭和6年〕中央区立京橋図書館蔵）

る。その下の地下階にあたる基壇部《きだんぶ》は、建築と一体化しているのだ。

当時の設計資料には、地中深く松の杭が打たれていることが記されている（末口一寸、長さ五五尺とあり、日証館の八寸、五〇尺よりやや太くて長い木杭を想定している）。平面図を見ると、荷重のかかる柱と特に川沿いの外壁のまわりの下には、ベタ状に杭が打たれている。さらに地下階と基礎部分の断面図を見ると、川側の面では、地下階の壁の部分では、コンクリート壁に石材を貼り、その下部に目をやると、基礎部分に当たる水際では大きな間知石が深く打ち込まれているのがわかる。

その内側、すなわち地下階の下には、厚いコンクリートのベタ基礎（マットスラブ）が用いられており、水際の建築にとっての構造的な安定を生んでいるように見える。その下に無数の松杭が打たれ、その間には、割栗石《わぐりいし》（岩石を打ち割った小塊状の石材）及び砂利の層が配されている。木杭を打ち付けた基礎の上に建物がつくられ、そのまま水から立ち上がるという意味で、まさに、ヴェネツィアの商館建築とよく似た水際建築ということができよう。

†日証館――ユニークな構造

それに対し、日証館の建築は、水際の設計に極めて特殊な解決方法を見せている。日本橋川の水側において、建物の外壁の外にドライエリア（地下室に自然光を取り込む空掘り）を設け、その川側に自前の防潮堤(鉄筋コンクリート造)を立ち上げるという独特の構成を見せる。こうして、この建物専用の防潮堤を設けることで、ドライエリアから採光し、地下レベルに部屋をとることができたのだ。この堤防は、そのまま建物の下に回り込んで防潮堤と一体化した基壇部を形づくっている。その下に数多くの松杭が打ち込まれ、杭群のまわりには、割栗石の層がつくられている。

その上に防水層を設け、コンクリートスラブを打って建築として立ち上げる。まさに土木と建築が一体となったような興味深い構造物となっている。しかも、防潮堤という土木構造物でありながら、川沿いの景観を強く意識し、その上部には、西洋の建築や造園の古典的な様式として用いられるバラスター(手すり子)の象徴的な造形がなされ、水際を見事に飾っていた(図2-6)。その跡が、後に水際に建設された高い高潮堤防の内側にひっそりと受け継がれているのに驚かされる。

「水の都」江戸・東京の中心、日本橋川の最も華やかな水辺に震災後、颯爽と登場した日証館。土木の技術とも一体となって生み出されたその極めてユニークな近代の歴史的建造物の価値を様々な視点から検証することは、今後の水都東京の再生に向けて大きな弾みになるに違いない。

近年、もう一つ重要な論点が浮上してきた。証券の世界では、株の売買がネット上で多くさされるように変わったため、この兜町でも証券会社のオフィス窓口に人々が集まる必要がなくなり、街に賑わいが失われた。空洞化が起きるなかで、オフィスビルがマンションに置き換わる傾向が出始め、心配されている。だが、この地には日本初のビジネス街という輝く歴史と誇りがあり、日証館をはじめ他にも三棟ほど、同じ昭和初期につくられた個性的なデザインの近代建築が受け継がれている。そして幸い水辺の再生も徐々に進んでいる。

「水の東京」の中心に位置する地の利と歴史的、文化的蓄積を活かした兜町の再生へのヴィジョンが今、議論されつつあるのである。

第 3 章

江東——「川向う」の水都論

大東京鳥瞰図(1921年)(東京都立中央図書館蔵)

1　東京の「東西」

†東から西へ

東京の都市の問題を、私は法政大学の陣内研究室の学生諸君と一緒にフィールドワークを行いながら四〇年以上、考えてきた。そして、この都市の歴史、その結果できあがった空間の特徴、文化的アイデンティティなどを解明してきた。その上で、ますます力を強めるグローバリゼーションのもとでのこの都市の変容と、そこから生まれた諸問題を、また同時に、それを克服するための地域での多様な活動について研究してきた。

大きく見ると、東京は近代化、そしてグローバリゼーションの過程で、都市の中心部をだんだん西のほうへ移してきた。江戸時代から明治、そして昭和の初め頃までは、本来、下町と呼ばれていた神田、日本橋、銀座のあたりが都市の主役といわれ、文化、経済など、あらゆる活動の中心だった（明治から昭和にかけては、浅草や深川もその一角に含まれていた）。それが徐々に西へ動いていったのである。たとえば大学は大正の頃からつい最近まで、西へ西へと大きく動いたし、そうして東京の重心が西へ移動すると、そのバランスを考え、東京都庁舎も新宿へ移転した。グローバリゼーションの中で輝きを見せる若者文化の街、原宿も西への重心移動の結果の一つである。そこには、ブランドのショップ、たくさんの国際的な企業が集まっている。

その一方で、もともとは経済と文化の蓄積のあった下町が見捨てられていった。サスキア・サッセンの著書『グローバル・シティ』(筑摩書房)でも興味深く論じられている、大都市の中で問題を抱えたエリアとしてのインナーシティは、まさにそういう場所にあたる。

特に、隅田川の東に位置する墨田江東の地域は、グローバリゼーションのもとで、工業の空洞化が進むと同時に、東京の西側エリア(山の手)に商業・文化機能を奪われ、いささか取り残された感がある。

だが本来は河川、掘割が網目のように巡る豊かな水辺を持つ地域であり、江戸時代には水と結びついた漁業、流通、木場の産業、行楽・遊興など多様な経済と文化が発展した(吉原一九八七)。近代には、舟運を活かした大規模な流通に加え、様々な工場が並び、極めて重要な経済産業の空間となった。産業構造の変化で、それらは空洞化したが、舟運復活の可能性を秘めた地域資産としての掘割・河川のネットワーク、歴史や伝統文化、各種技術の集積などが今なお受け継がれており、二一世紀的な新しいクリエイティブな経済文化活動を生み出す可能性をもつ。

†東の復権と水辺の復活

近年の人々の意識を見ると、西側に向かう郊外発展への夢は完全に薄れ、むしろ都心回帰の現象がこのところ顕著になっているのがわかる。今また、東に向けて風が吹き始めているように見えるのだ。墨田区押上に、六三四メートルの高さを誇る東京スカイツリーが二〇一二年五月にオープンしたことも、それにプラスに働いてきた。

ところで、第1章で述べたように画家の鍬形蕙斎が、一九世紀初めに東の高い所から西を見るスカイツリーと同じ視点で江戸の鳥取図を描いて以来、それが定番となり、繰り返し同じ構図で江戸東京の景観が描かれ続けてきた。

そこには隅田川、神田川、日本橋川、墨田江東の幾つもの掘割が描き込まれ、「水の都」としての江戸、そしてそれを受け継ぐ近代初期の東京の姿がイメージ豊かに表現された。地形の凸凹とともに、水の循環、エコシステムがそのまま鳥瞰図に描かれているようにも見える。しかし、その水の都市の在り方は、工業開発に伴う地下水汲み上げによる地盤沈下と水害の頻発、水質汚染などで戦後には完全に否定的なものとなり、舟運もなくなって、水辺は都市の裏側に転じていった。

だが、歴史は一巡したかに見える。工場の多くは転出し、排水規制、下水道の普及もあって水質はよくなり、また水門、閘門《こうもん》で制御され、東京低地では、水害を防ぎつつ人々と水との関係を取り戻せる時代になっている。

こうして東京の東側へ人々の関心がシフトしているということは、大きな意味をもつ。本来この隅田川の東の墨東地域は、江戸より古く、古代、中世からの長い歴史をもつ場所であり、様々な文化的トポス、生活の知恵が受け継がれている。深川にも、江戸時代に形成された歴史的な文化中心がある。

墨田江東は水路を活かして近代に産業がおおいに発達した。戦後も含めて、この地域には水上バスが運航していた。同時に路面電車の線路も網目のように走っていた。こうして地域全体が生き生きとネットワークで結ばれ、経済や文化の活動が散りばめられていた。またローカルな商店街も数多くあった。一九八〇年代以後、これらすべてが衰退してしまったが、現在、新たな時代の到来で掘割がよみがえり、新しい機能を持ち込める時代になってきた。

グローバリゼーションのなかで忘れられがちだが、この墨田江東地域には優良な中小企業が数多くある。ハイテクの世界で輝く鉄鋼業の小さな企業が存在し、スカイツリーの部品を精巧に作り出し、難しい取り付けの施工を担える技術的な背景があったからこそ、この場所に東京スカイツリーができたといわれる。伝統工芸も含めた先端の優れた技術がたくさんある場所なのである。

そして近年、日本橋のたもとに二〇一一年春に登場した船着き場から東京スカイツリーをめざし、隅田川をのぼって浅草方面へ船で行くルート、また、その途中、小名木川に入り扇橋閘門を通って、横十間川《よこじっけんがわ》を北上した後、北十間川に入ってスカイツリーの手前まで行くルートも人気を集めている。また、墨田区と江東区が連携し、内部河川の舟運機能の復活をめざして、社会実験も行われてきた。

このように隅田川の東に広がる内側の地域には、近世から近代の産業の時代にかけての自然、文化、歴史、経済の貴重な資源がたくさんある。その意味でグローバリゼーションのもとで過疎化し、空洞化したところが今後生き返ってくることが大いに期待できる(法政大学デザイン工学部建築学科陣内秀信研究室二〇一三)。

†磯田光一が示した東京の〈東西問題〉

このような東京の〈東西問題〉に私が目覚めるきっかけとなったのは、磯田光一『思想としての東京』(国文社)との出会いだった。関東大震災後、東京における東=下町と西=山の手の意味、その力関係が逆転した、とこの本は説く。磯田は、その冒頭で、森茉莉《もりまり》の短篇「気違いマリア」(『群像』昭和四二年一二月号)の「……浅草族は東京っ子であり、世田谷族は田舎者なのだ……」というフレーズを引用し、震災以前の東京においては、東=下町こそが都市文化の担い手だったことを強調する（磯田一九七八）。

この〈東西問題〉を語るのに、磯田は二つの都市計画図に着目する。まず、一九二一年（大正一〇）の「東京都市計画地図」を取り上げ、そこでは明治以後に発展を続けてきた東京について、その原型をそこねずに改良する考え方があったとし、この計画を流産させたのが関東大震災（一九二三年）であったと論ずる。実際、震災復興期の一九二五年（大正一四）に発表された「東京都市計画地域図」では、神田・日本橋・銀座など中心を占めるピンク色の商業地域を挟んで、西側に広がる山の手が、黄色の住宅地域と位置づけられ、地方から上京し日本近代化の指導者になった人達が多く住んでいたのに対し、隅田川の東の江戸以来の文化の一端を担った低地はすべて青の工業地域一色に分類されていたのである。明らかに、文化における東西の力関係が逆転した東京のイメージをここに見てとれるだろう。

確かに、昭和の東京は、西側に膨張しながら、近代化を達成した。新上京者として日本近代化の指導者になった地方人は、主として世田谷、杉並方面に居を構え、森茉莉のいう浅草族を工業地区のうちに封じこめることによって近代化を達成したといえよう。このひずみが文学のうちにどうあらわれざるをえなかったかを問うことは、日本の近代化の精神構造をトータルに問い直すことにもなる、と磯田は考えた。東京中央区生まれの谷崎潤一郎が震災後、関西に逃れて感受性の安定をはかる一方、永井荷風や石川淳が地方人に対して強固に武装しながら、

「下町」の江戸文化に固執したこと。また、小林秀雄、永井龍男、福田《ふくだ》恆存《つねあり》、中村光夫らが、東京の近代化に絶望して鎌倉に「第二の江戸」を求めざるを得なかったことを、その例として取り上げる。

磯田によれば、東京地元民の作家達は、東京を「地方」として感受し、反対に地方民にとって東京は「中央」を意味していたことになる。永井荷風も谷崎潤一郎も久保田万太郎も、江戸文化圏から出てきた「方言」の保守者であり、彼らの孤立は、「標準語」の文学への反発によるものだ、という興味深い結論につながる。

磯田が指摘したこうした東京のイメージの逆転が、内実としてはいかに進行し、また、百年近く経過した今、どんな現象が起きているのかを考察してみたくなる。

近代化のある段階から、東京における東＝下町、西＝山の手の意味、力関係が逆転し、都市の主役が下町から山の手に移ったことは、江戸東京の鳥瞰図の描き方、具体的には視点の位置が変化したことにも見てとれる。すでに触れたように、一九世紀初めの鍬形蕙斎を皮切りに、江戸東京では長らく、東の高所から西を見る構図として鳥瞰図が描かれ続けた。それが一九二一年の「大東京鳥瞰図」（本扉扉図）を見ると、南の高所から北を見る構図に変化している。

東の高い位置からの視点で描かれた江戸の鳥瞰図では、近景に象徴的な水の空間軸、大川（隅田川）がゆったり流れ、そこに注ぐ神田川、さらに江戸湾に流れる日本橋川、そして手前の江東エリアの水路網も描かれており、まさに水都としての江戸のイメージが見事に示されている。一方、内濠、外濠で守られた将軍の江戸城は、その背後に広がる支配階級の武家屋敷を主役とする山の手とともに、画面の上のほうに追いやられるような形で描かれている。都市の主役が東＝下町であり、水の都市として江戸がイメージ豊かに描かれているのは、明らかだ。

磯田は関東大震災をターニングポイントとしたが、その直前に描かれた一九二一年の「大東京鳥瞰図」はすでに、江戸を受け継いだ明治、大正中期までの都市のイメージが大きく変化したことを伝える。鳥瞰図の視点はすでに、北を上にとる近代地図と同様、南の高所に移動している。隅田川沿いの特に東側（左岸）には煙が立ち上る工場群が見られる。もちろん公害告発ではなく、殖産興業を担う近代施設としての誇らしげな描写ではあるが、名所、行楽地で人を惹きつける水辺のイメージは失われている。一方、西の緑豊かな丘陵が続く山の手、そしてその背後の郊外は、首都東京の近代を切り開く大きな可能性をもつ地域として描かれているように思える。

†拡大する下町、受け継がれる遺伝子

東京の〈東西問題〉を考えるのに、重要なポイントがある。この都市では、都市の発展・拡大のプロセスに合わせ、〈下町〉〈山の手〉それぞれのイメージに合う地域が、遺伝子が伝播す

るかのように、外へ外へと移動・拡大してきたという事実がある。元祖にあたる中心部の〈下町〉、そして次に〈山の手〉が、時代とともにそのエキスを奪われ、その本来の性格を弱めていった。

今は柴又あたりに下町らしさを感じる人が多い。一方、山の手に関しては、土地問題研究家の長谷川徳之輔が、「いまでは、山の手の範囲も、山手線を越えてどこまでも拡大していき、半世紀前には純農村だった世田谷、杉並、大田区を越えて西の相模の国まで広がってしまっている」と指摘している（長谷川二〇〇八）。一九九〇年代に登場した「第四の山の手」（東京西南部、都心から三〇～四〇キロメートルの郊外住宅地）というネーミングも人々の心を摑んだ（三浦一九九五）。都市の遺伝子が時代とともに別の場所へと受け継がれていくという、世界的に見てもユニークな都市のあり方を東京は示してきたのである。

下町とその拡大について考えてみたい。江戸東京博物館の前館長、竹内誠によれば、下町はおもに町人の居住地域、山の手はおもに武士の居住地域という、江戸を二分する社会的地域概念は、すでに一七世紀なかば過ぎに人々の間に定着していたという。下町の語源については、低地にある町と考えるのが一般的としながらも、『御府内備考』（一八二六～二九）の記述から、御城下《おしろした》の町という意味があった可能性も指摘する。

下町は時代とともに拡大した。幕末には、下町といえば、東は隅田川、西は外濠、北は筋違《すじかい》橋《ばし》、神田川、南は新橋の内側をさし、今の中央区と千代田区の一部のみにあたっていた。浅草も深川も下町ではなかったのである。明治二〇年代までに、下谷・浅草が下町に入り、大正期以後、深川・本所も下町と呼ばれるようになった。第二次大戦後は、さらに葛飾区、江戸川区にまで下町の範囲が拡大したのである（竹内一九八七）。

†川田順造と深川

近代に受け継がれた下町、そして水の都市の特徴と魅力を生き生きと描写したのが、川田順造の『母の声、川の匂い』（筑摩書房）とそれに続く『江戸＝東京の下町から』（岩波書店）である。後者の書名にあるように、川田はこの二冊で江戸＝東京の下町を取り上げているが、舞台は自身が戦前に生まれ育った深川の高橋であり、正確に言えば近代の東京の下町ということになる。

戦前のこの地域に独特の下町的性格を与えていた要素が、キーワードとして幾つも示される。まずは〈川〉と〈水運〉。深川が利根川・荒川水系とつながる水の町だったからこそ、周辺との交渉が深まり、またモノ、人、情報が集まる開かれた地域社会のエートスが育まれたという。特に、川を媒介とし、上流・下流の間にしばしば婚姻関係が成立したという著者の体験からの話は、極めて興味深い。ただ、川田下町論が日本橋や神田のそれとやや異なるのは、〈都〉と

図3-1　山本松谷「小名木川の眺望」（『新撰東京名所図会』）
明治40年頃のこの絵にも様々な船を見てとれる

〈鄙《ひな》〉という対比で、川田が述べる下町には浜の潮や田舎の匂いがあり、鄙の季節感があったというところだ。都市と田舎の有機的な結びつきが、独特の生活文化を生んだとするのである。

そして〈船〉について語られる。様々なタイプの船が家の前を往来していたことに驚かされる。千葉から野菜を売りに来る女性達、だるま船に寝泊まりする水上生活者。さらに、明治以来、蒸気船が小名木川を行き来した（図3-1）。江戸時代に比べ、むしろ近代の方が船の数が増え、規模も大きくなっていたといえよう。まさに、著者の体験した深川は、舟運のピークの時期にまだあったのかもしれない。その水はしかし、きれいではなかった。土左衛門が、そして犬や猫の死体が流れ着く、忌まわしい場のイメージが強く、その匂いも複雑なものだった。

そして何と言っても、下町の主役である様々な職業、立場の〈人〉たちが登場する。木場の川並み、船大工、さらにはアウトローの集団でありながら、地域の秩序維持に貢献し「いなせ」を体現した鳶《とび》、とりわけその頭に話が及ぶ。その颯爽とし格好いい男達の文化を論じた後に、メタファーとしての遊芸が語られ、深川っ子たる著者のこだわりの世界が披瀝《ひれき》される。性生活において「気質」と「遊び」を扱い分けた男性と、それとはまったく立場の異なる女性。その双方にとっての遊芸の意味を論じ分けるのが、さすが人類学者の深川論だ。そして、近代には、川向うの深川にこそ真の下町が生きていたという状況がよくわかる（川田二〇〇六）。

〈東西問題〉の諸相

山の手の東京西郊への展開も簡単に見ておこう。山の手の大名屋敷の跡地には、官庁、教育施設をはじめ近代首都の機能を担う公的な要素が主に入ったが、軍用地となり、後に米軍施設となったところも多い。山の手でもやや周縁部の青山・渋谷・表参道あたりがまさにそれにあたり、時代とともに用途が変化し、今では流行の最先端の街へ変貌している（武田二〇一九）。こうして都心のかつて山の手だったところの多くは、文化・教育施設やファッショナブルな商業空間に姿を変え、邸宅が並ぶ本来の山の手の性格を失った。その閑静な住宅地の要素は時代とともに外へ移っていく宿命にあったのだ。

江戸の山の手を象徴する要素の一つに、大名屋敷の庭園があった。大名屋敷は崖線の斜面緑地にしばしば立地し、湧水を利用した回遊式庭園が生まれたのである。たとえば、神田川に沿った目白の斜面下に、肥後細川家の庭園(旧称新江戸川公園、第8章図8-11)があり、水と緑からなる都会のオアシスを生んでいる。また、三田の丘にあった伊予松山藩邸は、明治に松方公爵邸となった後、戦後、イタリア大使館となり、池を巡る素晴らしい回遊式庭園を今に受け継いでいる(第6章図6-4)。湧水は枯れたが、ポンプアップして水を供給しているという。

近代には、こうした庭園文化もまた、その遺伝子が外に大きく伝播した。国分寺崖線の緑豊かな斜面地に、その典型例を二つ見てとれる。小金井市にある「滄浪泉園《そうろうせんえん》」は、政財界で活躍した波多野《はたの》承五郎《しょうごろう》が大正初期に建設した別荘で、その一部が庭園として残されている。また、国分寺市の斜面地に佇む旧岩崎邸の「殿ヶ谷戸《とのがやと》庭園《ていえん》」も近代の産物の一つだ。これは大正期の土地高騰ブームに乗り、別荘誘致が行われた際につくられたものである。ダイナミックな崖の地形を活かし、美しい池の庭園をもつ殿ヶ谷戸庭園は、一九一三年(大正二)に旧満鉄副総裁の江口定條《えぐちさだえ》により建設された別邸で、一九二九年(昭和四)に岩崎家が入手し、その別邸とした。それを戦後、周辺の開発計画に対し庭園を守る住民運動が発端となり、一九七四年に東京都が買収し公園として整備したものである。崖上に建物が配置され、地形に沿って園路が通され、崖下の湧水を集めて池がつくられている。今も岩の切れ目から、毎分三七リットルもの水が湧いている(陣内・三浦二〇一二)。

また実は、山の手のなかにも下町が分散していたというのも、江戸の都市空間の特徴だった。

地形の凸凹と対応して、高台に邸宅がある一方、坂の下には庶民の町家や長屋が並び、複合社会が成立して互いに支え合っていたのである。

さらには、明治の終盤から町人地や町家が、鉄道の建設とともに西へ移動し始め、それが震災復興以後、加速した。そうして駅の前に商店街、そして飲み屋街が形成され、疑似下町のような界隈が生まれたのも、東京の大きな特徴だった。私の育った中央線沿線もその典型で、地元の阿佐ヶ谷、近くの高円寺、荻窪、西荻など、いずれもそうした下町的な界隈を駅周辺に昭和の初めから形成してきた。

それがもっとドラスティックに展開したのが盛り場の変遷である。江戸の盛り場といえば、水辺に成立した浅草、両国、深川があげられ、舟運とも結びついて賑わいに満ちた。しかし近代には、浅草はその繁栄を維持したが、花形は陸の交通と結びついた銀座であり、次のステップでは、新宿、渋谷、池袋というターミナル駅の周辺に盛り場は発達した。舟運から陸運への変化とともに、盛り場も水辺から完全に内陸部へと移行したのだ。即ち盛り場は、東から西へ移ったのである。

昭和の初期、震災復興時には、川向うの深川も、同潤会アパートや橋梁デザインをはじめ、輝くモダンデザインが多く登場し、先端性を示す地域でもあったが、やがて高度成長期以後、開発から取り残され、ノスタルジーを感じさせる「レトロな町」というレッテルを貼られる傾向が強まったと思われる。

一九八〇年代には、武蔵野の田園の一角だった原宿や代官山などが人気の街へと姿を変えた。こうした東京の西への遠心力を生んだものとして、大学の武蔵野、多摩地区への移転があったことは言うまでもない。しかし時代の価値観が変化し都心回帰の動きが強まる現在、逆に遠方の郊外に移転したキャンパスを都心に戻したいと考える大学が増えている。

2 変化する江東

†深川＝ヴェネツィア論との出会い

下町の性格をもつ地域が、都市の拡大、近代化の進展とともに日本橋や神田から、浅草へ、そして深川へと移ったように、水の都市の性格を示す地域も徐々に外側へ移動した。大正時代、ヴェネツィアと似た水の都市の表情を最もよく受け継いだのは、隅田川の東側に位置する江東の深川だった。

私の江東への関心は、学生時代、神田の古本屋で見つけた一冊の本との出会いに始まる。西村眞次が監修した『江戸深川情緒の研究』（一九二六年）がそれだ。

ヴェネツィア留学を終え、帰国してしばらくした一九八〇年代初めのことと記憶する。東京もかつて水の都市だったことに気づき、ヴェネツィアと東京を比較することの面白さにはまっていた頃のことである。

この本は冒頭で、永代橋を越えて深川に入る際の情景を、本土から鉄道橋でヴェネツィアの島に渡って入る情景と重ねて描写している（西村一九七二）。アーサー・シモンズという詩人が書いたものを受けてはいるが、水都へのロマンを存分に感じさせる描写である。その上で、この深川がいかに水と結びつきながら発展してきたかを記述するのだ。漁業、富岡八幡宮門前の花街、木場、佐賀町の流通など、産業経済から文化まで、どれも水によって育くまれたと説く。今風の「都市論」を先取りする実に先駆的な本だと当時、いたく感心したものである。

以来、私の深川、江東歩きが始まった。毎年八月に行われる富岡八幡宮の祭礼の、三年に一度の「本祭り」を間近で見て、神輿が永代橋を越える光景に感動したのを思い出す。五〇を越える町会の神輿が揃う連合渡御のトリをとる大きな深濱《ふかはま》神輿《みこし》は、深川濱十四ヶ町の漁師達の誇り高き神輿で、深川地域における漁師町の存在の大きさを改めて認識させられた。

河川改修が進む前の一九八〇年代の掘割には、まるで東南アジアのような、木杭を打ち込んで水上に張り出す家が並ぶヴァナキュラーな風景も見られた（図3-2）。掘割の水面には、まだ木材が浮かんでいたように思う。

図 3-2　木杭により水上に張り出す深川の家屋群

図 3-3　川沿いにあった花街の料亭、待合の建物

また富岡八幡宮の門前の水路沿いには、粋な辰巳芸者で知られる花街の料亭、待合の建物がまだ残っていた（図3－3）。耐震補強を目的としてコンクリートで固めた歩道が水辺にできる前は、建物と水面は近かったのだ。現在は、水辺の歩道沿いに植えられた桜の並木が立派に成長し、ボートでの花見を楽しめる。

江東の魅力は、江戸の伝統的な文化だけではない。昭和初期を中心とするモダンな文化もこの地域の大きな特徴であった。何よりも前述の同潤会アパートである。震災復興の時代、東京の下町は、モダンな空気に包まれ、洒落たデザインの建築が続々と登場したが、その中で異彩を放ったのが同潤会アパートであった。

その一つ、江東区にあった住利《すみとし》アパートが私のお気に入りで、囲い型の見事な配置をみせ、道路に沿った一階には下町らしく店が並び、内側に大きな中庭＝広場がとられ、人々はそこから各階に格好いいデザインの螺旋《らせん》階段でアプローチした。また中庭にはゲートボールに興じるお年寄り、元気に遊ぶ子供の姿があり、コミュニティの核になっていた。

そして、水都の視点から私が関心をもったのは、舟運用の水路を巡らし物流拠点となっていた佐賀町の一角に建つ「食糧ビルディング」だった（図3-4）。一九二七年（昭和二）の竣工で、廻米問屋市場《かいまいどんやしじょう》として栄えた歴史を刻んでいた。昭和初期らしくモダンな中庭型の建築で、その魅力にアートの先駆者、小池一子が惚れ込み、その三階に現代アートを生むための佐賀町《さがちょう》エキジビット・スペースが一九八三年に設けられた。杉本貴志率いる「スーパーポテト」の手によりリノベーションされたこの格好いい大空間では、様々な展覧会、文化イベントが開催され、いわゆるロフト文化の発信地となった。

この建物が地中海世界に見られる中庭型のキャラバンサライ（隊商宿）に驚くほど似ていることから、一九八五年、私の所属する法政大学が当番校となり、この空間を使って地中海学会の大会を開催した。「われらの内なる地中海、彼らの内なる日本」と銘打って、クロスオーバーのシンポジウムを行い、シリア留学の経験のある会員夫妻に中庭の回廊で伝統音楽を演奏していただいて、アラブ・コーヒーを飲みながらそれを楽しんだ。懇親会は隅田川対岸の柳橋の船宿から屋形船を出すという趣向で行われた。この「食糧ビルディング」は一七年間、アートを発信し続けた後、残念ながら取り壊され、マンションに建て替わった。

図 3-4　食糧ビルディング　地中海世界の建物に似た構造

†清澄白河に生まれた新たな動き

この隅田川の東側は、かつては掘割がめぐる水都で、その基層に漁師町、宗教空間、花街、木場、名所・行楽地といった独特のトポスを受け継いできた。だが戦後、舟運が失われ、木場が新木場に移り、花街もなくなって個性が薄れた江東区は、交通至便な都心だけにマンションが並ぶ単なる住宅地になりかかっていた。本来のアイデンティティを失うのでは、と心配な時期があったのだ。

だが幸い、そうならずにすんだ。なかでも、この一〇年ほどの「清澄白河」エリアの動きには目を見張らされる。東側の木場公園に東京都現代美術館（ＭＯＴ）があり、直近に地下鉄大江戸線・半蔵門線の清澄白河駅ができたこともあって、この界隈に元気が戻ってきたのだ。

シャッター街になりかかっていた資料館通りのまわりに、古い建物をリノベーションしたアート・ギャラリーが次々に登場。さらには、木材商の倉庫、町工場の建物が活かされ、近年では、ブルーボトルコーヒーをはじめとする洒落たコーヒー店が続々と誕生し、新たな経済活動が生まれ、文化の発信を始めたのだ。これこそ歴史、伝統、水の都市の記憶など、地域の膨大な蓄積を活かした江東らしい現在の営みだといえる。特に、近世から近代にかけての産業の集積が現代の価値観で見直され、他の地域ではできない様々な活動を生む舞台になってきた。

出発点は、前述の一九八〇年代前半に佐賀町の食糧ビルディングにできた「エキジビット・スペース」だった。ロフト文化の発信地として話題を集めたこの建物は残念ながら失われたが、ここから大勢の若手アーティストが羽ばたいた。もとはエキジビット・スペースにいた小山《こやま》登《と》美夫《みお》も近くの「丸八《まるはち》倉庫」に移って現代アートのギャラリーを開設し、世界に大いに発信した。元はやはり水に面していた倉庫で、大きなエレベーターをもつ大空間は、現代アート・ギャラリーの展示にはうってつけだった。この倉庫も後に壊されたが、こうした積み重ねが今の清澄白河の地にアートの遺伝子を植え付け、多彩な動きに繋がっている（松川二〇一七）。

†街を変えた駅と人

この地が脚光を浴びるようになるには、それなりの背景もあった。もともと、水上交通に加え、市電、それを継承した都電が隅田川の東側エリア全体に網目のように通り、江東区と墨田区の間を南北に密接につないでいた。都電が最後まで存続していたのは、まさにこの地域だった。だがそれが撤去されると、結果的には、バスを除く公共交通としては、東京の都心と郊外を東西に結ぶ総武線、東西線だけしか存在しなくなり、南北の活発な移動は弱まってしまった。自立した独特の場所性を育み、継承するインフラが消えたのである。

しかし、その空白を埋めるように、南北を縦に繋ぐ地下鉄大江戸線の開通、半蔵門線の押上までの延伸で、最寄り駅として「清澄白河駅」が開設された。こうした新たな地下鉄の路線が、眠っていた歴史のある町を目覚めさす効果を生んだと考えられる。石原都知事のもと、「大江戸線」の名称が発表された時には、ややピンとこない感覚が私にはあったのだが、それは間違っていた。長らく忘れられていた江戸とも繋がる古い町々を元気にした功績は大きい。

こうして、鉄道から外れ、いささか不便だった清澄白河の地域へのアクセスがすこぶる良くなった。シャッター街だった「深川資料館通り」が蘇り、アート・ギャラリー、洒落た店舗の登場で人気を集める。

元気に蘇った町には、必ずキーパーソンがいる。商店街のリーダー、「あづま屋文具店」の分部登志弘《わけべとしひろ》は、アート好きがこうじて、二〇年前から「かかしコンクール」を行っており、毎年、多くのユニークな作品が資料館通り商店街を飾る。越後妻有《つまり》の大地の芸術祭にもそのかかしが出展され、棚田に立ったという。このあたりは古くからの寺町でもあり、分部の企画で、資料館通り沿いの寺院の境内でモビールのインスタレーションを実現させたこともある。

この商店街は、木場の機能が海側の「新木場」に移転したため活気を失い、長い間、シャッター街になっていたという。空き店舗の再生を補助する江東区の制度を利用して、分部のアイデアで、「深川いっぷく」というコミュニティカフェを開設したところ、これが成功し再生への手掛かりとなったのだ。

貯木場の広大な水面の埋立てで生まれた木場公園の北端に東京都現代美術館があるが、最寄りの地下鉄「木場駅」からは遠く、孤立気味だった。ところが近年、清澄白河駅で降り、活気がある深川資料館通りを通るルートが人気で、今やこちらがメインアプローチとなっている。

†活発なリノベーション

こうした動きを察知して、アート・ギャラリーと並んで、次のステップではブルーボトルコーヒーに代表されるコーヒーショップが続々とこのエリアに出現する興味深い現象が生まれた

図3-5　ブルーボトルコーヒー

（図3－5）。いずれも、木場関連の材木倉庫、物流倉庫、印刷工場など、水都深川ならではの産業系建築のストックが活かされている。戦災ですべて焼けた地域だけに、どれも戦後につくられた建物だ。日本らしいリノベーションのセンスと技術で、文化財ではない戦後の建物が見事に活用され、地域を元気にしているところに新しさがある。

そもそも木場に近いこのあたりには、木材関係の倉庫、製材所が多く、水路も生きていた。戦後の繁栄が続いた時期につくられ、その後の衰退期に入っても幸い壊されず残ってきたこれらの建物、空間が、「ストック」としてこの地にたくさん眠っていたわけだが、その価値を再発見する人々が現れ、新たな生命を与えた。こうして過去の産業集積の記憶を持ちながら眠っていた建物が、現代的な役割をもって見事に再生されたのだ。こうした建物はどれも空間が大きく、ギャラリーにもショップにも、そして最近のコーヒーショップにも向いている。コーヒーを煎ずるための大掛かりな装置は高い天井を必要とし、倉庫がうってつけなのである。

清澄白河エリアには、いま述べたように、ブルーボトルコーヒーをはじめ、材木倉庫をカフェにコンバージョンしたオシャレな焙煎カフェが多く登場している。また、舟運を利用した町工場も多くあったが、その一つ、鉄工場をワイン醸造所とした例も目を引く（岡村二〇一七）。

水の都市の歴史を背景にもつ深川地域ならではの新時代を切り開くこうした動きからは、しばらく目が離せない。

†アートとまちの結びつき

すでに見た通り、近年では、東京都現代美術館へのアプローチとして深川資料館通りが見直され、この美術館と地域との連携プレーが展開している。改修工事のための休館の時期を活かし、現代美術館の藪前知子《やぶまえともこ》をはじめとする学芸員が地域に入って地元の方々と協同し、幾つもの古い建物内でアート作品の展示を実現した。「ＭＯＴサテライト２０１７春　往来往来」と銘打ったこのユニークな活動の成功は、日本の都市らしい地域再生の一つのイメージを指し示すものだった。水の都市の歴史、記憶、文化風土についてアーティストが鋭敏な感性でリサーチを重ね、地元の人たちと会い、ヒアリングをし、その中からイメージを膨らませて作品化する方法が興味深い。そして所有者に交渉し、既存の建物を使ってアート空間を創造することも、場所の特性がアートに反映され、新たな可能性を生み出す。

地元出身で私と同世代の英国在住のアーティスト、志村博がこの深川資料館通り沿いの親から受け継いだ土地に「グランチェスター・ハウス」というギャラリーをつくって、清澄白河からのアート発信の一つの拠点になっている。実は、縁あって八年ほど前に志村氏と親しくなったことで、アートとまちが結びついて面白い動きが展開し始めたばかりのこの清澄白河に、私もしばしば足を運ぶようになったのだ。

その志村は、現代美術館の学芸員たちとのコラボレーションを深め、自分の原点である木場をアーティストとして見直すことに挑戦した。一九六〇年代後半の、丸太が大量に浮かぶ木場の風景を撮影した写真のことを思い出し、ずっと眠っていたそのネガを学芸員と一緒に探し出した。そこからプロジェクトが立ち上がり、藝大や東大の先端技術の専門家たちと組んで、原風景と現代をビジュアルに重ね合わせる方法を編み出し、創造性豊かな作品を創り上げた。それは、第二弾の「MOTサテライト2017秋　むすぶ風景」の注目の展示の一つとなった。

地域に眠る、あるいは潜む価値を呼び覚ますことの面白さは、私の専門である建築史、都市史の領域でも、この間、常に探し求めてきたことだけに、美術館という箱から飛び出し、地域に入り込んで土地の文化風土を感じつつ、こうした創作活動を展開する現代アートの世界の近年の取り組みには、心からの共感を覚える。

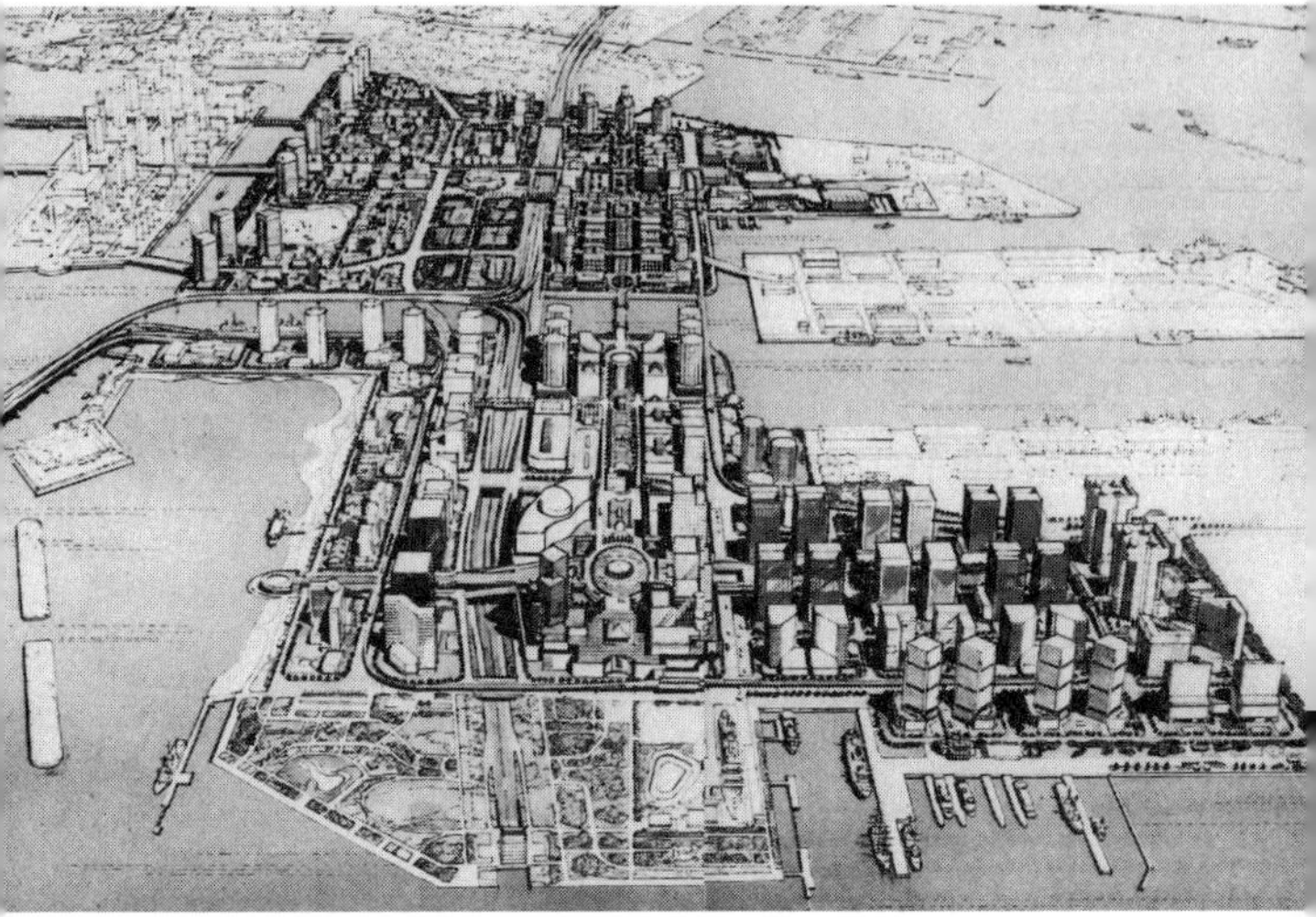

第 4 章

ベイエリア——開発を基層から考える

臨海部副都心開発基本計画の図(1988年)(東京都企画審議室作成)

1　水辺の文化を受け継ぐ場所

†歴史から紐解くことの意味

水辺空間は時代の価値観の変化を鋭敏に映し出す鏡のような存在だ、と私はかねてから考えてきた。特に東京湾は、前近代、近代、ポスト近代と大きくその役割と姿を変えてきた。そして、二〇二〇年のオリンピック・パラリンピックに向けて建設された競技会場が集中する東京のベイエリア（湾岸エリア）は、今また大きな変貌を見せている。

右肩上がりの高度成長の時代には、過去を振り返る余裕もなく、ともかくがむしゃらに前に進むことが求められた。だが、日本が世界の経済大国となり、その後、成長が止まって成熟社会を迎えた今、次の時代を展望するのに、過去の経験を掘り起こし、価値ある歴史の層を尊重しながら新たな開発を重ねるという発想こそ必要なのだと思う。こうした考え方に最も転換すべきなのが、歴史の蓄積が乏しいと思われがちなベイエリアだといえよう。

時代の短期的な要請にだけ目を向け、効率よくその目的に見あった空間、施設ばかりをつくる従来の発想の繰り返しでは、成熟時代の東京にふさわしいベイエリアを築き上げることにならない。まずは、歴史的な経験の掘り起こしから始めたい。

†アメリカのウォーターフロントとの違い

図4-1　ボストンの港　埠頭が並ぶ構造
（ボストン・パブリックライブラリ地図センター蔵）

その必要を私は、数年前に水都の比較研究で訪ねたニューヨーク、ボストンでの調査の経験からも強く感じている。この二つの街は、アメリカばかりか世界を代表するウォーターフロントの先進都市として知られる。一八世紀から植民地化が進み、都市の形成を開始して、川や湾に面した水際には桟橋、埠頭が続々と並び、物流空間がどこまでも広がった（図4－1）。

だが、一九六〇年頃、物流革命で、コンテナ埠頭が海に近い方につくられると、従来の都市に隣接した桟橋、埠頭などが並ぶ港湾ゾーンは、さびれ、荒廃し、治安さえ悪くなった。この二つの都市は、そこを計画的に都市再開発事業の対象として、戦略的に見事に蘇らせた。その成功ぶりは、見ていて感動さえ覚えるほどだ。それに対して、東京は、完全に出遅れているように見える。

だが、考えてみると、ニューヨーク、ボストンは、物流都市となる前の段階で、人々が水と親しむ都市文化をほとんど体験したことがない。そのフェイズなしに、物流機能の港湾空間を水辺に大量に建設したのだ。それにもかかわらず、その空間が完全に機能・意味を失った今、現代のニーズで、市民や住民が住み、憩う、文化空間に転用しているのである。

一方、東京はどうか？ こちらは江戸時代の最初から、ベイエリアの歴史は埋め立ての歴史と言っていいものだった。しかし近代の物流空間を形成する前の段階からすでに、ベイエリアには人々の多彩な活動があった。そして、それが基層に受け継がれ、あるいは場の記憶を留めている。そのように江戸東京の海辺を考えてみれば、想像力は一気に広がる。単に、物流機能を終えた場所に、ゼロから現代の水辺空間をつくるのではなく、過去の水辺の文化の遺伝子を受け継ぎ、過去の経験、記憶を未来に結びつける創造的な都市づくりが可能になるはずなのだ。

†自然と人間が共生したベイエリア

東京湾は遠浅の海で、「江戸前の魚」という言い方に象徴されるように、漁場としてもすぐれていた。明治四一年の「東京湾漁場図」には、干潟及び各海域での漁獲、漁法が記されている（図4-2）。多くの藻場《もば》（海藻が茂る場所）が見られ、えび桁網《けたあみ》、えび打瀬網《うたせあみ》などの名称が書かれている（大田区立郷土博物館一九八九）。

この湾に多くの漁師町が発達したのも当然である。浅草も古くは漁師町であり、深川、佃島、芝浦、品川、大森、羽田など、今もその精神を受け継いでいるところも少なくない。漁師町特有の高密な居住地の空間構造は、現在の町並みの中にも見てとれる。

危険と背中合わせに海と共に生きる漁師の世界では、自ずと信仰心が育まれた。その祭礼では、海への敬虔な気持ちを端的に表わす海中渡御、あるいは海上渡御が各地で行われていた。佃島では、海上安全、渡航安全の守護神として信仰を集める住吉神社の鳥居が海に面して立ち、その前面の階段を降りると小さな砂浜があった。八月初旬に行われる三年に一度の本祭りでは、男どもに担がれた壮大な八角神輿がその階段を降り、海に入る海中渡御が盛大に行われていた。その様子を撮影した貴重な写真を、一九八〇年代前半に佃島調査をしていた頃、歴史をよく知っている地元の

図 4-2 「東京湾漁場図」（国文学研究資料館蔵）

ご老人が誇らしげに見せて下さった。

漁師のコミュニティの精神を表わす海中渡御も、一九六二年を最後に、コンクリート護岸の建設とともに行われなくなった。その頃は海も汚れていた。その後、長らく海との関係が切れていたが、大川端リバーシティ21(造船所跡地に建設された高層住宅地)の開発に伴ってスーパー堤防が実現したのを機に、海中渡御は無理としても、神輿を船に乗せて氏子地域を巡る船渡御が行われるようになった。

†品川・荏原神社の海中渡御

そもそも海中渡御を行うには、遠浅の砂浜が必要である。品川の荏原《えばら》神社では、かっぱ祭りと呼ばれる祭礼の海中渡御が、地元品川の目黒川河口近くの浜で行われていたが、川の流路が変わり、また埋立てと開発で遠浅の砂浜が失われるにともない、その会場を移さざるを得なかった。そして羽田沖、さらにお台場海浜公園の入り江へと舞台を移して、今なおこの祭礼は続いている(図4-3)。

二〇〇八年にスペインのサラゴサで行われた水をテーマとする国際博覧会で、「世界の水の都市」のパビリオンへの出展を求められ、水都東京を紹介するビデオ作品を、私が当時所属していた法政大学エコ地域デザイン研究所(二〇一七年に研究センターと改称)が制作したが、そ

図 4-3　お台場海浜公園での海中渡御

の時に、プロの映像作家、カメラマンに依頼し、この海中渡御のシーンを特別に撮影してもらった。二〇〇七年六月のことである。

品川を出航した一〇艘《そう》ほどの船が東京湾を厳かにパレードし、お台場海浜公園の入り江に入ってくる。宮司をはじめ祭礼の運営者たちを乗せた先頭の船に続き、二艘目に神輿の姿がある。舳先《へさき》を手前に向けて浜に勢揃いすると、まず男たちが降り立ち、船から神輿を海の中に下ろして、浅瀬の水中で威勢よく揉む。神輿の屋根には、海から拾い上げたと伝えられる須佐之男命《すさのおのみこと》の御神面がつく。海からもたらされた御神面なので、海に帰し、神輿に付けて海中渡御を行ったところ、大漁が続いたため、以後、海中渡御が継承されてきたとされている。

太鼓と笛の音が祭りの高揚感を生む。背後には、レインボーブリッジ、高層ビル群が視界に入る。現代東京でこのような水と密接に結びついた伝統的な祭礼が今も行われていることに、深い感動を覚えた。ちなみに、浜に集った人々の大半は品川のコミュニティの関係者だったに違いない。

†品川と府中の結びつき

品川荏原神社と海との繋がりで思い起こされるのは、府中「大國魂神社《おおくにたま》」のくらやみ祭りである。この祭りの最初の神事は、大國魂神社ではなく、品川の海上で行われるのだ。「品川海上禊祓式《みそぎはらい》」と呼ばれ、潮盛《しおもり》ともいわれるこの儀式は、毎年、四月三〇日に行われる。神官や町方の祭りの役員らが府中から品川に到着。「潮盛講中《こうじゆう》」の人達に出迎えを受け、荏原神社でお祓いを受けた後、すぐ前の目黒川から釣り船に乗り、お台場を抜けて羽田空港沖に着く。そして海上で潮水を汲み、禊祓いの儀礼を行う。府中に持ち帰られたこの「聖なる水」が、五月五日の祭礼当日、神輿が通る道筋を清める重要な役割を果たす。この儀式は、陸奥の安倍氏を討伐して関東に下った源頼義が、府中の大國魂神社に参拝した後、あわせて品川の荏原神社に詣り、その前の海辺で禊をしたという故事に由来するとされる（岡野一九九九）。

このように品川と府中の結びつきの歴史は明らかに古い。その点を考える上で重要な特別展「海に開かれたまち――中世都市・品川」が一九九三年に開催された。そこで注目を集めたのが、品川の御殿山《ごてんやま》から出土した一五世紀前半と考えられる常滑焼《とこなめやき》の大甕《おおがめ》であり、しかも、府中で出土したそれとよく似た常滑焼の大甕も同時に展示され、品川と府中の深い繋がりが示された。知多半島の常滑からこうした焼き物が船で中世の品川に運ばれ、それが陸の品川道や多摩川などを通じて府中に運ばれていたものと考えられるのだ。

この展示図録の編集・解説執筆を担当した柘植信行《つげのぶゆき》は、品川には、古代、武蔵国府(現府中市)の湊《みなと》(国府津)の役割があり、その後も品川湊を背景に海に開かれたまちとしての都市形成が進み、関東地域の玄関口をなす東国の港湾都市として中世に発展を遂げたと述べる。南北朝時代の明徳三年(一三九二)の「武蔵国品河湊船帳」が残されていて、そこには三〇艘もの船が名を連ねね、当時の品川湊の賑わいが伝わるという。湊の位置について柘植は、現在の目黒川の河口付近に入江が大きく入り込み、そこに良港が形成されていたと推定している(品川区立品川歴史館一九九三)。

†その後の東京の海

中世にすでに港湾都市として繁栄した品川は、江戸時代には、その港湾機能に加え、宿場町の役割を担いながら、古くからの漁師町としても存在してきた。近代にも漁業は続き、戦後の高度成長期の少し前の写真を見ても、かつて蛇行していた目黒川の河口近くに漁師の営みが続いていたことがわかる(図4-4)。

しかし、こうした海と繋がる伝統文化をも担ってきた東京都の漁師たちは、埋立てと工業開発が本格化し海も汚れた一九六〇年代に、保証金をもらって漁業権を放棄した。これらのこと

図 4-4　目黒川河口付近の漁師町（1954 年）（毎日新聞社提供）

により、品川は漁師町としての性格を失っていったのである。

それから半世紀が経過し、汚染が徐々に改善された今、多摩川河口、羽田沖などで、アナゴをはじめ色々な魚がとれるという話も聞かれる。そして、かつての漁師町には、船宿が存続し、釣り船に加え屋形船の基地になっている。この屋形船の存在も、東京の大きな特徴といえる。様々な方面から、お台場海浜公園の入り江に、屋形船が集結する姿は、壮観ですらある。

一九七〇年代後半、第1章で述べたように、柳橋の料亭の女将と船宿の主人がイニシアチブをとって屋形船が復活して以来（『東京人』二〇一三年六月号）、その数はどんどん増え、今では東京の各地に屋形船の姿が見られる。一〇〇人以上乗れる大型タイプの船や椅子・テーブル席・屋上スカイデッキ付きのモダンな船、もんじゃ屋形船まで、種類も多彩だ。

水辺と遊里

これまで自然と人間が共生するものとして、漁師の営みや文化を見てきたが、幕末期の臨海部に目を向けると、宗教空間、さらには茶屋、遊郭などによって構成される遊興空間、花見、潮干狩りなどの行楽客で賑わう寺社も含めた名所などが数多く分布し（図4－5）、また四季折々の行事も海との繋がりをもっていたことがわかる。漁師町と結びついた神社や祭礼については、先に見た通りだ。

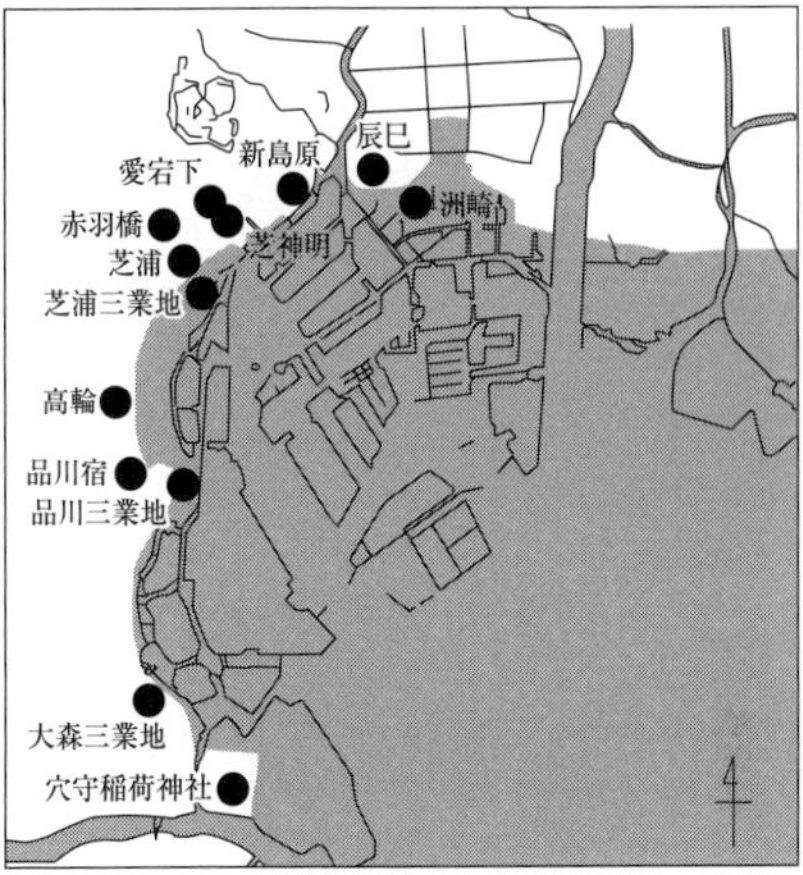

図 4-5　盛り場・遊里の分布図

享保から延享（一八世紀前半）にかけて、人為的な名所がつくられていく。花見で名高い品川御殿山の桜は、八代将軍吉宗により吉野山から移されたもので、春の訪れを享受することができる江戸庶民の憩いの場所でもあった。

東海道における最初の宿場町の品川宿は、食《めし》売女《うりおんな》を置く旅籠屋《はたごや》が多く、江戸四宿でも最大の遊里として賑わいをみせた。品川に至るまでの高輪海岸にも、多くの茶屋が並び、盛り場的賑わいが見られたという。一方、深川の漁師町の鎮守社、富岡八幡宮の門前の水辺にも、辰巳《たつみ》芸者で知られる遊里がおおいに栄えた。臨海部にあっても遊興空間はしばしば、寺社や名所と結びつき、水との密接な関係によって成り立っていた。

明治に入って、深川の洲崎《すさき》には、東京帝国大学に近すぎて風紀上、問題があるという理由で、根津から遊郭が移されたとも伝えられる。悪所を海辺へ追いやるという発想も当然あったが、同時に、遊びに水辺の空間は付き物という、日本古来のコスモロジーの影響も見落とすことはできない(陣内・法政大学・東京のまち研究会一九八九)。

近代に大規模につくられたベイエリアの埋立地の背後には、こうした人々の精神と深く結びついた濃密なトポスの名残が随所に潜んでいることを忘れてはならない。

2　御台場が物語る東京湾内海の歴史

†お台場海浜公園にある御台場

東京湾の奥まった内海の部分は、浅い海で、船が航行できるのは澪筋《みおすじ》と呼ばれる深い水路に限られ、隅田川などの河口周辺では特に、浚渫を繰り返す必要があった。そして、そこから出る土砂はまた埋立てに使われた。幕末の江戸湾の水深測量図を見ると、海岸線近くでは浅くて干満の差の影響も受けやすいデリケートな海の状態がよくわかる。

幕末以後のこうした地図を見ると、まず目に飛び込むのは、海上に配列された御《お》台場《だいば》群である。ここで、東京湾の歴史を語るのに忘れられない御台場の存在を見ておきたい。

図4-6　Eボートによるレガッタ
ボートの背後左右に台場の石垣を確認することができる

今日、人気を集めるお台場海浜公園の入り江のビーチに立つと、前方に見事な石垣をもつ御台場が見える（図4-6）。地続きで歩いてアクセスできるため、デートに使うカップルの姿も多い。これが品川第三台場跡である。実は、その西側にやや隠れて、レインボーブリッジの手前に、もう一つ、樹木が鬱蒼《うっそう》とした状態で海上に孤立する第六台場跡があり、この二つが一九二六年（大正一五）に国史跡に指定されている。

†御台場の歴史

嘉永六年（一八五三）に江戸湾に来航したペリーの黒

船に慌てた幕府が、江戸とその周辺を防御するために急いで建造したのが、この御台場だった。西洋式の立派な海堡《かいほう》である。幕府から御台場築造を命じられた江川太郎左衛門が、オランダの兵学者エンゲルベルツの築城書などを参考に設計したものとされる（東京都港区教育委員会二〇〇〇、浅川二〇〇九、品川区立品川歴史館二〇一一）。

江戸湾の品川沖につくられたので、品川台場と呼ばれる。本来は一一基を海上に連ねて防御線とする計画だった（図4-7）が、実際に完成したのは五基（第一、第二、第三、第五、第六）で、二つが未完成（第四、第七）、あとは未着工で終わった。品川台場は、江戸湾の内奥に広がる遠浅の海中に、洲や澪筋の位置を踏まえながら、工事のしやすい水深のより浅い箇所に埋立てを行いつつ建設された（図4-8）。防御線の設計としては、一直線に並ぶのではなく、守りの効率を考え、一つずつ前後にずらしながら配置されているのが目を引く。江戸城と城下町建設の際のような、諸大名を動員しての天下普請ではなかったものの、幕府が主導したものとしては江戸城以来最大規模を誇る土木事業だった。

実現した五つに加え、防御の上で弱いエリアを補うため、品川台場の西端の陸に接して御殿山下台場がつくられた。現在の、まさにその名を冠した台場小学校のある場所に相当し、道の形状に台場の輪郭が残り、今でもその位置と形を知ることができる。

その一つ海側に未完成のまま存在した第四台場は、現在の天王洲《てんのうず》アイルにあたる。船からの調査で京浜運河を通る際には、文化財級の見事な石垣で造成された土地に石油備蓄基地のタンクがたくさん存在するのに驚かされた。江戸と近代工業社会が共存する実にシュールな光景がここに見られたのだ。一九八〇年代後半のバブル経済期に、ウォーターフロント再開発の対象

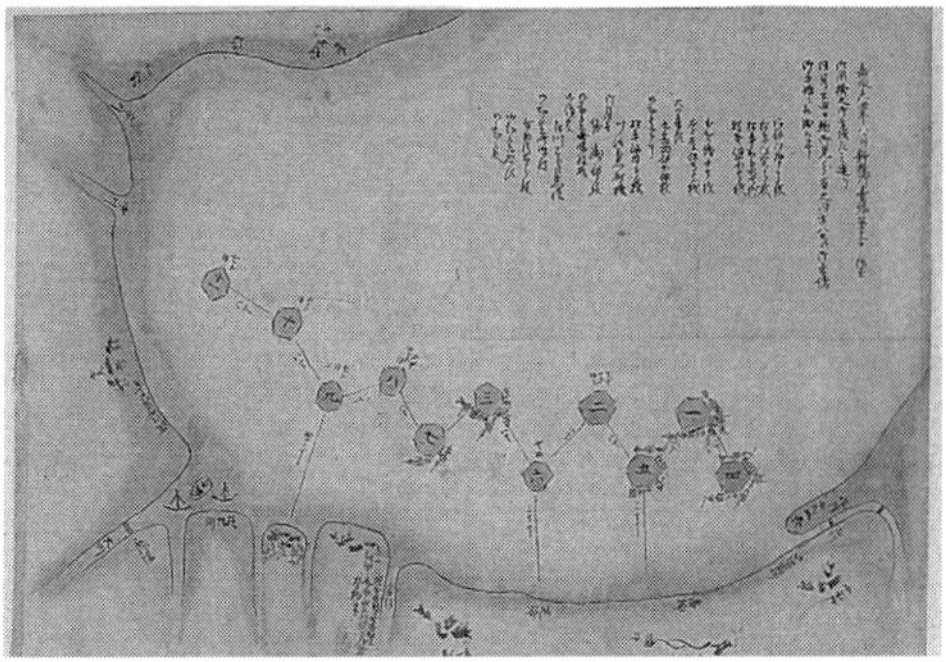

図 4-7 「品川台場計画図」（『黒船来航図絵巻』）
（横浜開港資料館蔵）

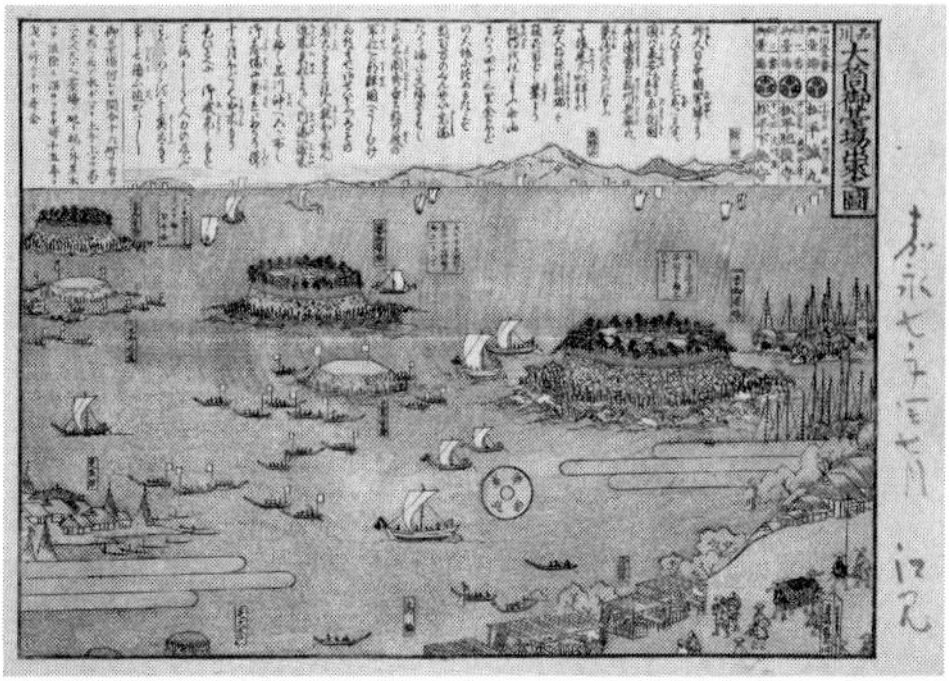

図 4-8 「品川大筒御台場出来之図」
（品川区立品川歴史館蔵）

となり、石垣の積み直し工事が行われ、素敵な親水空間はできたものの、本物の遺構は一部に残すのみとなった。天王洲アイルに付けられた「シーフォート」という名称には、台場を海の砦《とりで》ととらえ、歴史の記憶を留めようとする努力のあとが見られる。

品川埠頭の建設で地中に埋もれた第一、第五台場に関しては、三〇年程前に港区教育委員会の手で発掘調査が行われ、それまで図面史料を通じてのみ知られていた石垣の基礎構造そのものが良好な状態で出土した。石垣のすぐ下には角材を井桁《いげた》状に組んだ土台木が置かれ、その下に長さ五メートル前後の木杭を数多く打ち込んでいた様子が発掘で確認できた。なお、内海の御台場の築造に用いられた資材は、関東地方周辺各地から集められたことがわかっている。埋立て用には、高輪泉岳寺の境内や御殿山を切り崩して採取した土砂が用いられ、石垣の石は伊豆半島周辺から安山岩が運ばれた。杭や土台木にも用いられたアカマツやスギの材木は、多摩地域や下総地方から江戸に運び込まれた（東京都港区教育委員会二〇〇〇）。

これら第一、第五台場は、埋立てでつくられた物流拠点としての品川埠頭に取り込まれたことで、結果的に地中に遺構が残ることになったが、それに対し、海上に存在していた第二台場は航路の支障になるとして撤去され、未完ながら存在した第七台場は東京湾埋立第十三号地の造成に伴い撤去される運命にあった。いずれも一九六〇年代の高度成長期のことである。

†御台場のユニークさ

品川台場は、明治維新を迎えるまでおよそ一五年間にわたり、江戸湾内海の備えとして存続した。台場には大砲が設置され、そこでの警備は幕府から選任された信頼の厚い藩が随時交代する形で行われた。この軍事施設は結果的には、江戸幕府の終焉に伴い、実戦に使われることがないまま任務を終えた。とはいえ、品川御台場は無用の長物だったわけではなく、その存在が幕府の対外政策の中で一定の抑止力として働き、戦争を回避する手段として役に立ったとも考えられる。こうした発想から、御台場を「平和の象徴」として評価する興味深い解釈も示されている(品川区立品川歴史館二〇一四)。

世界の海に開いた都市を訪ねると、湾や入り江の奥の港に攻め入る船を攻撃するための要塞が、岬の高台に建設されている姿をよく目にできる。シドニー、マルセイユ、ヘルシンキなどはその典型で、ヴェネツィアでも、アドリア海からラグーナへの入口に一六世紀に建造されたサンタンドレア要塞がこの水都の守りを固めていた。

これら他国の例と比べてみても、江戸湾内海の海上に江戸とその周辺の警備のために群として建造された御台場が生む風景は、ユニークな存在だったに違いない。現在、しっかりした形で残るのは史跡指定されている第三台場と第六台場に限られるとはいえ、戦後しばらくの間、海上で存在感を示していた多くの台場に思いを寄せると、東京ベイエリアのイメージはまた新たな意味合いをもってくるのではなかろうか。

3　基層から考える

†埋め立てで登場した東京のウォーターフロント

江戸東京の歴史は、埋立ての歴史そのものだともいえる。何枚かの江戸時代につくられた地図を比較すれば、一目瞭然にそれがわかる。埋立ての規模は、近代に入ってずっと大きくなり、戦後はさらに加速され、大きな埋立地が広がった。

隅田川は、土砂を堆積させるため、常に浚渫が必要で、その土砂で月島が築島され、また芝浦周辺の埋立地も実現された（図4－9）。明治初めの地図を見ると、佃島は漁師町に加え、人足寄場《にんそくよせば》のあとの監獄、造船所の島として存在していたが、その海側に向かう南西の先は、浅瀬の状態で描かれている。明治中期に、それを埋立て、計画的な街区からなる市街地がつくり上げられたのが、今は、もんじゃストリートなどが人気を集める月島である。

月島の埋立ては、東京市区改正計画にもとづき、一八八七年（明治二〇）に着手され、それ

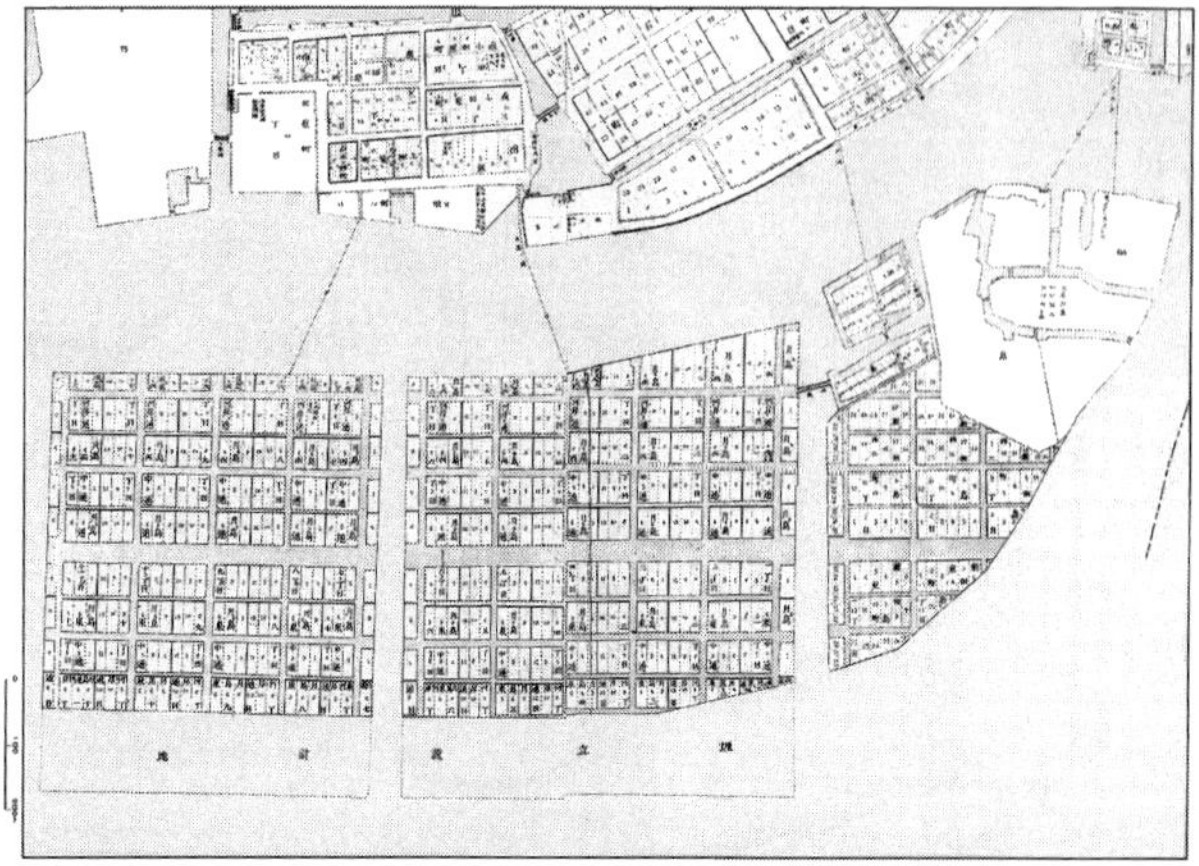

図 4-9　月島（『明治 28 年　東京郵便電信局編東京区分図』部分）

に続き、街路計画が審議され、直線道路を組み合わせた碁盤目状の街区からなる見事な市街地がつくり上げられた。どこまでも真っ直ぐに伸びる道路を機軸として、規則的な街区が広範囲に形成された点はいかにも近代らしいが、実は、街区の設計に江戸の寸法基準が用いられていた点が注目される。幅六間（一〇・九メートル）の道路で囲われた正方形街区の一辺は江戸と同様、六〇間（一〇九メートル）で、この街区の背割りの位置に三間幅のやや狭い道路が通され、長方形の二つの街区に分割される。それぞれが一〇間の幅で分割され、その内部に路地と両側の長屋群からなる庶民の住宅地がつくられたのだ（志村二〇一八）。

同時に、市街地を構成する建築類型も江戸の伝統を踏襲していた。六間幅の道路に面する表

図4-10　路地と長屋（1990年頃）

側には町家が並び、そこから路地を一〇間ごとに規則的に引き込み、裏長屋を配置する方法は、まさに江戸の町人地のつくり方を踏襲していた。ただ、閉じた世界の袋小路ではなく、通り抜けできるオープンな路地であることが、近代としての明治の特徴だ。月島はまさに、前近代としての江戸の経験を遺伝子として受け継ぎながら、同時に、近代の時代精神を先取りする町だった。

月島は関東大震災で被災したので、その復興期につくられた玄関脇に格子のある小部屋を設ける二階建ての長屋が、路地に面して数多く残される（図4-10）。一方、メーンストリートの西仲通りに面する町家には、震災後のモダンなセンスを反映した看板建築がまだ幾つも残っている。今では、月島といえば「もんじゃ」というぐらいに誰もが知るまちになっているが、そのもんじゃの店は、この西仲通りとそれに並行な裏通りばかりか、一〇間間隔で入り込んだ路地の奥にまで広く分布しているのである。

こうした島の内側、即ちアンコの部分は、殖産興業をめざす近代日本が必要とする工業地帯の労働者達の住む、庶民の生活空間だった。一方、海に接した島の外周、即ちガワの部分は、船が直接接岸できるメリットを生かし、倉庫や工場が並ぶ物流基地、工業地帯だった（陣内・法政大学東京のまち研究会一九八九）。しかし、その海に突き出す先端、あるいは、新たに造成された佃三丁目は、東京湾を望む風光明媚な場所で、海水館という割烹旅館ができ、明治後期から大正年間にかけて著名な文学者が作品を執筆した場所として知られた。

†月島の歴史を掘り起こす

最近の志村秀明による月島を中心とした東京湾岸に関する実践的な研究が目を引く。芝浦工業大学で教鞭をとる都市計画が専門の志村は、まさに月島の住民で、自身が所有する震災直後の一九二六（大正一五）年に建てられた二軒長屋をリノベーションし、一軒の住宅へと間取りを変更した。この一階の半分のスペースが、「月島長屋学校」という名の、学生、住民が集まって学び合う開かれた場になっている。芝浦工業大学の正式な教育プログラムとして、大学キャンパス外のまちづくり研究拠点として開設されたという（志村二〇一八）。

この月島は、隣の佃島が江戸の最初からの長い歴史を誇るのに比べ、明治中期以後に造成された場所で、歴史が浅いと思われがちである。そもそも東京湾岸地域は、ほとんどが埋立地と海と運河であり、歴史的資源に乏しく、伝統的なものや文化的なものが少ないと見られているだろう。それに対し、志村は近年の著書のなかで、「東京湾地域は江戸・東京の近代化や発展を支えてきた土地で、さらに未来に向けても東京の未来を支えていく重要な地域なのだ。まずはそのことを東京都民を含めた多くの人々に知ってもらうことの意義は大きい」と述べ、地元に根を下ろした説得力のある立場から、個人の体験もふまえ月島を中心に東京湾岸地域の原風景を描くことに挑戦する。その掘り起こし作業を学生、住民たちと進めながら、地域づくりの方向性を見出していくのだ（志村二〇一八）。

まさに私自身、八〇年代以来、このベイエリアを対象に考えてきたこととピタリと重なり、共感を覚える。東京ベイエリアにも歴史の重なりがあるのだ。それを基層から理解し、今を、そして近未来を考えたい。

†近代の築港計画の挫折と埋立て事業

江戸時代を通して行なわれてきた埋立てによる市街地の拡大は、近代になってさらに大規模に進められた。ここで明治の築港計画と埋立ての関係に目を向けてみたい。

東京における近代港の歴史も興味深い。幕末にやってきた外国人達は、江戸に港を開くことを望んだが、幕府は湾の水深が浅くて大型船が入れない等の理由をあげて反対し、結局、大型船の停泊に向いた横浜に開港が決まった。そもそも、水深が確保できない東京は良港を築く条件には恵まれていなかったのだ。

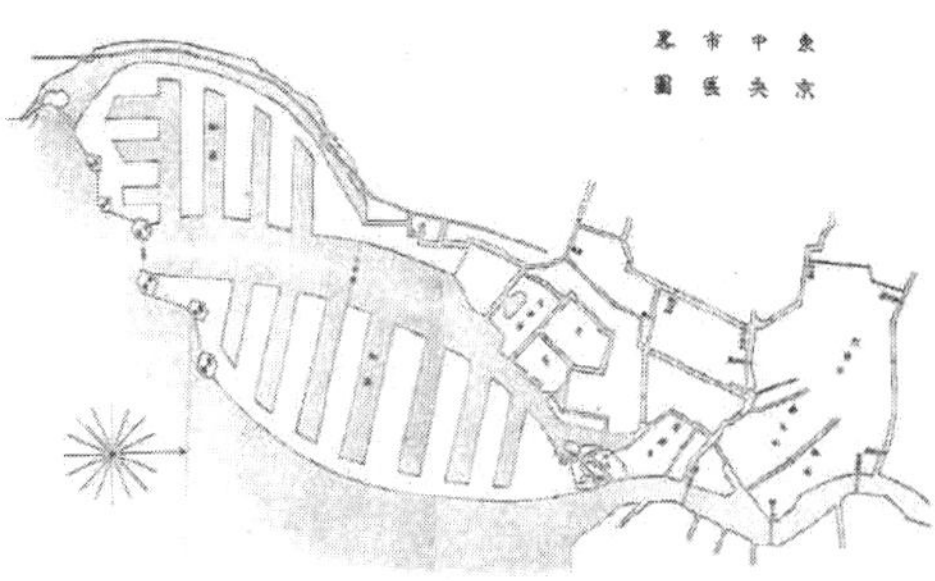

図 4-11　「東京市中央区略図」（『市区改正回議録』1880 年 5 月）（東京都公文書館蔵）

しかし、東京を国際交易都市にしようとする「築港論」の考えが浮上する。一八八〇年（明治一三）六月、当時の東京府知事、松田《まつだ》道之《みちゆき》が、明治期の都市計画である市区改正の一貫として、東京府議会に築港計画の諮問案を提出し、ここから東京における築港論が始まったとされる。だが、かつて明治期の東京における国家と財閥が目指した新時代を切り開く都市計画の一つとして築港計画に光を当てた藤森照信《ふじもりてるのぶ》は、この松田案の背景に、イギリス流の自由主義経済をめざす経済学者、田《た》口《ぐち》卯吉《うきち》の思い描く築港論があったとする見解を示した。国際交易都市を夢見る田口の築港論に、第一国立銀行頭取で田口を高く買う渋沢栄一が賛同し、それが東京府知事、松田の心を動かしたと推論したのである（藤森一九八二）。

一八八〇年（明治一三）の五月に立案され、一一月に公表された松田の築港計画案は、土砂を運ぶ隅田川の流れから切り離した形で、佃島の南の海上に御台場まで弧を描いて伸びる堤防を築き、その内側に突き出す何本もの埠頭の間に船渠《せんきょ》を設けて荷物の運搬拠点とするという大胆な構想だった（図4－11）。強い反対意見や予算との関係もあって計画は思うように進まず、次の段階では、陸の交通と繋げやすい芝浦の沖に同じような発想で繋船所《けいせんじょ》を設ける案も提示されたが、こうした積極的な築港計画は暗礁に乗り上げ、やがて消滅する運命にあった。

結局、今に至るまで東京には、ニューヨークのピア、ボストンのウォーフのような桟橋が何本も水上に突き出す近代の典型的な港の空間というのは登場しなかったのである。横浜は逆に、大きな川がなく東京に比べれば港建設に有利な条件をもち、大桟橋をはじめ、アメリカ型の近代港湾空間を部分的に実現することになった。

江戸から東京に転じ、近代首都を建設するうえで、様々な局面でお雇い外国人と呼ばれる西洋人技師達の力を借り、インフラ整備、都市づくりを着実に進めてきたが、こと東京の港湾づくりに関しては長い間、ついに壮大で実効性のあるマスタープランを描けずに来てしまった。

†『東京臨海論』

渡邊大志は、近著『東京臨海論』（東京大学出版会）のなかで、こうして明治時代の築港の夢を実現できず、いささか特殊でネガティブな経緯を経ながらも、実は重要な国際港として国策の場になっている東京港のあり方に強い関心を向ける。その立場から、東京港の建設の歴史を、物流を担う港湾機能の側に視点を置いて描き直すことを試みた。

渡邊により、東京港港湾計画で目指された築港概念が頓挫する一方で、実際には、東京の特殊性を踏まえ、航路確保のために大規模な浚渫が必要な隅田川河口改良工事へと、その港づくりの方策が移行していった現実の動きが浮かび上がる。その研究では、第一期隅田川河口工事（一九〇六〜一九一一）、それに続く第二期隅田川河口工事（一九一一〜一九一七）の副産物として埋立地の計画が生まれ、芝浦一帯の埋立てを中心にした河岸の整備事業に行き着いた経緯が描かれた。渡邊は、東京港を論ずる第二の論点とし、一九六〇年代の世界的なコンテナ化に応じた大井埠頭の新設に着目。さらには、世界都市へと成長する東京を見据えた一九八〇年代の臨海地区計画へと研究を展開させた（渡邊二〇一七）。

理念倒れに終わった計画史ではなく、今の東京の独特の形態とシステムをもつ臨海部がどのように形成されたのかを解き示すこうした研究は、東京ベイエリアを基層から考え直そうという私の目標にとっても、大きな示唆を与えてくれる。

†内港システムのある空間

さて、東京には、横浜の反対もあって、近代港は長らくできなかったが（横浜都市発展記念館・横浜開港資料館二〇一四)、関東大震災の際に、救援物資を運び込むのに船が有効だったこともあり、一九三二〜三四年(昭和七〜九)頃には、日の出、芝浦、竹芝の三埠頭が姿を現わし、東京港の基礎ができた。だが、東京港の国際港としての開港は遅く、一九四一年(昭和一六)のことだった。

それにしても、東京には西洋都市のような港らしい港の空間は誕生しなかった。その代わり、大規模に取り組まれた隅田川河口改良工事に伴う大量の浚渫土砂による造成が、世界にもあまり例のない港湾空間の誕生へと繋がった。埋立地の一片一片が寄せ木細工のように連なり、その間を運河が巡るというものだ。江戸時代に、湿地の埋立て・造成にあたり、まわりに掘割の巡る島の集合体として下町が生まれたのとよく似ている。沖合に停泊する本船から河川や運河を利用して荷揚げ地まで艀で荷物を運ぶ伝統的な方法もまた継続した。島状の埋立地には、江戸の掘割沿いに土蔵が並んだのと同じように、運河に沿って倉庫が並ぶ近代日本らしい風景が生まれたといえる。

江戸の港湾空間は、日本橋を中心に、海から入った内部を巡る掘割沿いに展開する河岸のネットワークとして広がっていた。このネットワークでつながれた空間のしくみを、私は内港システムと呼ぶ(陣内・高村二〇一五)。江戸時代の港湾空間と似た内港システムが、明治以後の埋立てで生まれた港湾空間にも登場したといえよう。

†運河のめぐる近代の埋立地

明治後半から、芝浦、さらに品川へと運河を取り込んだ島状の埋立地が広く造成されたことを見てきた。特に、芝浦は日本における工業の発祥地で、立派な工場、産業施設がこの地に登場した。

このあたりは、幕末には松平肥後守の大名屋敷が海沿いに立地し、入間川《いりあいがわ》をはさんでその南西に芝浦漁師町の浜辺があった。明治になり、まだ埋立て前のこの東京湾に面する芝浦の地は、特に月見の眺望地として知られ、一二〇年ほど前まで風光明媚な景勝地として賑わい、花街が形成されていた。その情景が、明治後半に刊行された『新撰東京名所図会』の山本松谷による挿絵に見事に描かれている（図4－12）（池・櫻井・陣内・西木・吉田二〇一八）。

図4-12　山本松谷「芝浦之景」（『新撰東京名所図会』）

新橋まで伸びる鉄道は、品川から芝浦の浜までは海上の堤の上に敷設されたが、この景観画から、そのあ

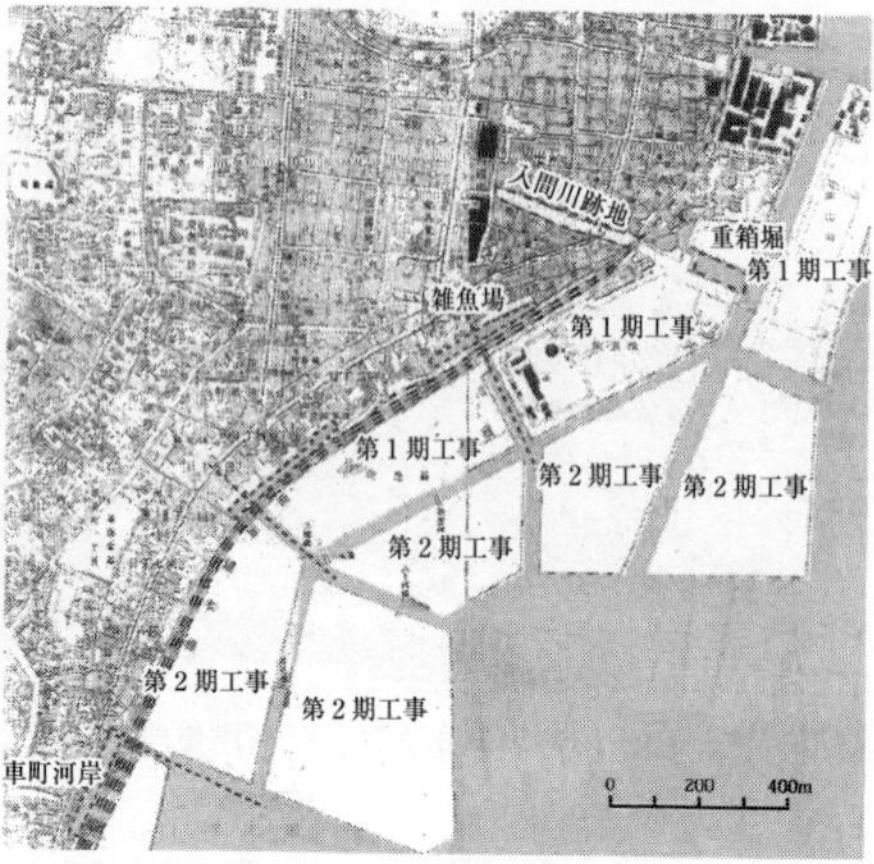

図4-13　第一期、第二期河口工事に伴う芝浦の埋立地建設（吉田峰弘作成）

たりでは元の大名屋敷の縁を通って都心に向かっているのがわかる。そこには鉄橋を渡る蒸気機関車が描かれている。入間川両岸の海浜部には、明治になって多くの酒楼が建ち並び、花街が形成された。線路の海側には、大野屋、見晴亭と料理屋や温泉旅館が並んだ。まさにここに明治の華麗なるウォーターフロントの文化が開花していた。

そのまさに海側に、すでに述べたが第一期、第二期の隅田川河口工事に伴う埋立地の建設が展開することになった（図4－13）。ここで興味深いのは、第一期工事で登場する芝浦一丁目での動きである。そもそも埋立地は本来、東京市の所有であったが、財源のために市が民間への売却を決めた。そして、このあたりの埋立地を取得したのが、新潟の石油王と呼ばれた中野貫一で、この土地の管理・貸付を、目黒雅《が》叙園《じょえん》を開発した実業家の細川力蔵に委ねた。芝浦の土地管理を担っていたこの細川が、先に見た芝浦花街の元締め、外山文蔵と手を組み、元々鉄道沿いの海岸際にあった花街を、海側に隣接して造成された第一期の埋立地へ進出させることを考えた。東京湾の埋立て工事の進展に伴い斜陽期を迎えていた芝浦花街は、こうして一九二〇（大正九）年、芝浦一丁目の埋立地に許可地を指定されて移転した。ここがいわゆる三業地《さんぎょうち》（料理屋、待合、芸者置屋の営業が認められた区域）となり、震災後から昭和前半には、往時の賑わいを見せるようになったという。この埋立地には、二つの自動車工場が立地するかたわらで、花街ばかりか、海を望む立派な邸宅が造られるなど、産業・物流一辺倒ではない機能混合の興味深い土地利用が見られたのである（吉田二〇〇九）。

このあたりには、運河を残して島状の埋立地が繫がる独特の臨海部の構成が今も受け継がれている。艀に積み替えて、倉庫に搬入する仕組みも戦後まで続いた。

埋立てに際しては、内部の漁師町や、入間川沿いにやはり江戸時代から立地する材木商への配慮もなされ、運河で海へ抜けられる内港システムの仕組みが活かされた。

埋立地に栄えた芝浦三業地の名残の貴重な建物が今もある。熱心な保存運動が実って、見番の役割を果たした唐破風《からはふ》をもつ旧協同会館の建築が幸い残されているのだ。この近代和風建築の堂々たる姿を、ちょっと前までモノレールから見ることができた。

実は東京ベイエリアには、この芝浦だけでなく、南の羽田に至るまで品川にも大森にも大井にも、海岸沿いの埋立地に三業地がつくられたという興味深い歴史がある。工業地帯だけでなく、そこで働く民衆の遊びの場も同時にできたのが、近代日本の水辺らしい。

一方、江東の深川では、すでに見たように根津から遊廓が移転し、埋立地に洲崎遊廓が計画的につくられた。こうしてコミュニティの日常空間から離れたある種の異界が海辺の埋立地にとられるのは、理にかなっていたともいえる。

4 ベイエリアの可能性

†日本的な近代の物流空間の仕組み

ここで国際的な視点から、物流の仕組みの変遷を見ておきたい。世界の古い港町は、その多くが都市の内部に港の機能を取り込んでいた。ヴェネツィア、ブリュージュ、アムステルダム、バンコク、蘇州など、水網都市はみなそうだし、今も貨物取引量の多いドイツの内部河川港として有名なハンブルクでも、中世から近世にかけては、内部の小さい川沿いに港湾空間をもち、都心に港の賑わいが満ちていた。だが、一九世紀になると事情が変わり、大規模な倉庫が並ぶ特化した物流空間が、外を流れるエルベ川沿いに建設され、世界に誇る港湾都市となったのである。そして、一九六〇年頃から、ここでもコンテナ化でその倉庫街が不要になり、今は、かって重要な港湾地区だった広い範囲にわたってハーフェンシティ（港の都市という意味）の再開発事業が進められ、世界の注目を浴びている（陣内・高村二〇一五）。

東京もまったく同じ道筋をたどった。近世には、江戸湊にあたる佃島の沖で荷を積み替えた艀が、日本橋を中心に、内部の掘割にどんどんと物資を運び、河岸に建ち並んだ蔵に荷を集積させた（先ほども登場したが、このような仕組みを「内港システム」と呼ぶ）。だが、明治になると、物流の中心が、空間にゆとりのある外側の地域へ移動し、やはり舟運が使える深川の佐賀町周辺へ展開し、昭和初期には、大川端に立派な近代倉庫が並んだ。

しかしその後、アメリカから始まるコンテナ化の動きが日本にも及ぶ。一九六〇年代後半、東京でもコンテナ埠頭が建設され、なかでも大規模だったのが、大井埠頭であった。その経緯と意義の考察は、先述の渡邊大志の著作に詳しい（渡邊二〇一七）。

一九八〇年代前半、コンテナ化の動きによって不要となったこうした近代の倉庫にアート・ギャラリー等が入って、ロフト文化が開花した。佐賀町の食糧ビルディング、大川端の三菱倉庫などはその花形的存在だった。いずれも後の開発で姿を消したのが惜しまれる。欧米都市なら、必ずや新しい時代の文化拠点として活用したに違いない建築物であった。

†貴重な倉庫群

物流の主体が大川端や深川の佐賀町に展開するなかにあって、忘れてはならないのは、第2章でもとりあげたが、昭和初期に、日本橋に近い江戸橋のたもとに江戸橋倉庫ビル（通称三菱倉庫ビル）が完成し、クレーンで荷を船から搬入していたという事実である。その光景を撮影した貴重な映像が残されているが、少なくとも昭和初期までは、日本橋川にまだ重要な物流機能が継続したことを物語っている。

一方、明治後期から昭和戦前にかけて造成された埋立地は、たとえば同じく埋立てを大規模に進めたボストンとはまったく違う独自なものであった。海に開いて桟橋や埠頭を沢山並べるのではなく、埋立地の間に運河を幾筋も残したのである。それにより、島が連なる空間構造が生まれた。そして、運河の両側に倉庫が並び、やはり艀が荷をそこまで運び込んだ。その荷を引き上げるホイストクレーンを備えた倉庫群が並ぶ近代物流空間の光景は、こうして生まれた。アメリカなら湾や河口に桟橋や埠頭がいくつも突き出るところを、運河沿いに、まるで江戸時代の河岸の近代的再生のような感じの物流空間が実現したのである。また月島と晴海の間にも朝潮《あさしお》運河がとられた。

同時に、これらの運河には、背後に存在した漁師町の漁船が海に出るルートを確保する目的もあった。実際、今も多くの屋形船が、こうした近代運河を通って東京湾に出ていく。新旧の営みが共存する知恵が働いていたのである。

こうしてできた芝浦から品川にかけての「内港部」は、近世に生まれたアムステルダム、ヴェネツィアの運河沿いとの共通性も感じさせるが、物流に特化した空間という意味では、世界にもあまり類例のない貴重なものだと思われる。江戸の中心部の掘割より幅が広く、気持ちのよい水面が広がり、現代の水の空間として大きな可能性をもつ。それなのに、経済の論理でこのあたりには高層マンションばかりが出現しているが、これは問題である。多様な機能、特に文化、クリエイティブな活動が多く集まって欲しいものである。

その意味でも、現存する倉庫は実に貴重な資産である。空間が大きく自由度が高く、様々な機能を受け入れられる。荷揚げのために水際に建つ必然性を建物の姿が語っている。倉庫を保存活用して機能転換を進めるとともに、規制の緩和を進め、水辺に並ぶ建築の足下には、船着き場を設け、船が行き交う情景を生み出したいものである。

†産業時代を支えた埋立地とそのドラスティックな機能転換

海上での埋立ては、都市東京の近代的発展にともなってどんどん進み、戦前にはすでに晴海、豊洲へと拡大していた。やがてこれらの埋立地は、物流空間、エネルギー基地、さらには夢の

図4-14　紀元二六〇〇年記念日本万国博覧会会場の鳥瞰図（中央区立郷土天文館蔵）

島のようなゴミ処分場の役割をもっていくが、紀元二六〇〇年を祝して企画された一九四〇年（昭和一五）のオリンピックと万国博覧会の誘致の際には、ここに夢のある海上都市が構想され、脚光を浴びた。いずれの会場もこの海上の埋立地に想定されたのである。途中、オリンピック会場の候補地は神宮外苑に移されるが、万博会場は、晴海、豊洲につくられるはずだった（図4－14）。そこでは、会場へのアクセスとして船の交通も考えられていた。しかし基礎工事が始まった段階で日中戦争が激化して無期延期となり、幻の万博となってしまったのである（増山二〇一五）。またオリンピックも日本政府が開催を返上した。

戦後、東京のベイエリアは、日本の工業化、経済発展を支える重要な役割を担った。二〇一八年に築地から市場が移転した豊洲は、そもそも、国家の重要事業として、一九四八年（昭和二三）から東京都による埋立地造成、岸壁工事が行なわれ、石炭埠頭として生まれた場所である。その後、豊洲埠頭は、東京復興のエネルギー基地として、当時の基幹産業だった電力、ガス、鉄鋼、石炭の専門埠頭として整備され、高度成長期にその最盛期を迎えた。

だが、その後、エネルギー基地としての使命を終え、九〇年代に入り、新たな機能をもつ都市空間を目指し再開発の対象となった。石川島播磨《はりま》重工業の造船所が占めていた豊洲の広大な土地には、すでに大型商業施設のららぽーと、芝浦工業大学のキャンパス、高層マンション群が建設され、新たな水辺の景観を生んでいる。これらはいずれも工業化時代を支えた産業施設の跡地利用として誕生したものである。

†臨海副都心

一方、東京湾のその先には、高度成長期にゴミ、建設残土などを使った埋め立てにより広大な土地ができた。東京港埋立第十三号地と呼ばれ、バブル経済に突入した一九八五、六年に、ここに東京都によって臨海副都心が計画された。この計画は、加速化する東京都心への一極集中を緩和するため、重要な業務機能をこの新天地に移動させるという、都市政策上で重要な位置づけがなされていた。

バブル崩壊の大波を受け、一九九六年に開催予定であった世界都市博覧会も中止となり、世界都市を支えるビジネス中心としての東京テレポートタウンを創出する目論見も失敗に終わっ

図4-15　子どもたちが海辺で遊ぶお台場海浜公園

た。そして広大な土地が開発されずに残る結果となった。

以後、東京における大型の開発プロジェクトは、ベイエリアから撤退し、舞台を大丸有地区（大手町・丸の内・有楽町）、日本橋、六本木、渋谷といった内側の元々ポテンシャルの高い地区に移ることになる。

しかし、この臨海副都心には、大きな可能性があると思われる。都心を望む気持ちのよいお台場海浜公園（図4-15）では、多彩なイベントがしばしば催され、また屋形船が集結する水上の宴の場としても人気がある。ビッグサイトもコミケや東京モーターショーをはじめとする展示会で人を集めるなど、重要な役割を担い、水に包まれた未来都市の魅力はそれなりに人々の心を捉えているように見える。

数年前に、フランスにベースを置くヨーロッパのテレビ局が、水都東京の紹介番組を制作するのを手伝ったことがある。来日したディレクター、カメラマン、スタッフとともに、日本橋、佃島、品川浦を訪ねた後、ちょうど日没のタイミングを見計らってお台場海浜公園に行った。太陽が西の品川埠頭の方に大きく傾き、夕暮れの美しい海の大パノラマが眼前に広がる。徐々に高層ビル群に明かりが灯り、やがて夜景に転じていく。時間の変化を鋭敏に反映する水辺の、まさにマジックアワー、すなわち日没前に数十分程体験できる薄明の時間帯の風景のなかに我々はいた。三脚を立て撮影をしていた世界を知るスペイン人のカメラマンも感動し、しばしこの場を離れることができなかった。

都心に超高層ビルを集中・乱立させる今の状況を見直し、再度、この臨海副都心が目指した都心機能を分散させるという根本に立ち返って、ゆとりのあるライフスタイルを実現する道を探ることも重要なのではなかろうか。

†アーキペラゴとしての可能性

結果的に、東京ベイエリアには、佃島、台場、そして明治以後に生まれた、月島を含む島状の無数の多くの埋立地が存在することになった。そこには、江戸の、そして近代初期の様々な歴史があり、場所の論理が見られる。それらの島は形も大きさも様々である。

近年、アーキペラゴ（群島、多島海）という概念が、地域起こしの世界でしばしば語られるようになっている。もとは、ヴェネツィア市長も務めたイタリアの哲学者、カッチャーリが提起した考え方だが、島の一つ一つは固有性と自立性をもち、それらが結ばれ連携してポテンシャルのあるテリトリー（地域）をつくる、というものだ。この概念モデルを彼は、近代の産物である国民国家の国境を乗り越え、自立し個性をもつ都市が互いにネットワークで結ばれるイメージを描くのに使った（Cacciari 1997）。北川フラムがプロデュースし話題を呼ぶ「瀬戸内芸術祭」は、まさにこの概念を具現化しており、違った性格をもつ個性ある島同士を船が結び、島を巡りながら来訪者が五感でアートと自然を楽しむ仕組みを生み出している（北川・陣内二〇一三）。

二〇〇四年に、ある東京で開かれたワークショップに、オランダで活躍し、アムステルダムのボルネオ地区の計画など、ウォーターフロント再生事業の分野で国際的に大きな実績をもつアドリアン・グース氏が招かれ、私も協力した。その際東京らしい水の空間を色々と案内するなかで、ランドスケープ・デザインが専門の彼が、東京ベイエリアにはアーキペラゴとして大きな可能性が秘められていると指摘、そこから私は大きなヒントを得た。

東京ベイエリアには、東京2020オリンピック・パラリンピックの競技会場が数多く建設された。これらの場所へのアクセスは、地下鉄などの鉄道インフラの建設は当面無理で、バスによる輸送に依存することになるが、本来なら外国の都市で活用され成功している舟運への期待が高まってもおかしくない。次項で述べるように、都市における舟運の復権は近年、アムステルダム、ニューヨーク、ロンドンなど、世界各地で顕著に見られ、水の都市の魅力アップに大きく貢献しているのである。

しかも東京ベイエリアでは、工業、港湾ゾーンだった埋立地に、今は、多くの人々が住むようになった。芝浦アイランドに住むセレブな奥様方の間には、その足下から出航する定期便の水上バスでお台場や豊洲のららぽーとに行って、仲間と気楽にお喋りを楽しむようなライフスタイルが登場していると聞く。また東京都が二〇一九年七月に、「らくらく舟旅《ふなたび》通勤」と銘打って、晴海―日本橋を結び、水上バスで通勤客を運ぶ意欲的な社会実験を行った。この水上バスの常設化も、近い将来、ぜひ実現して欲しい。

こうして見てきたように、世界のどの水都よりも、水辺に歴史があり、しかも江戸から現在まで、埋め立てによってダイナミックな多様性をもつ場所をつくり上げてきた東京のベイエリアには、極めて大きな可能性が秘められているといえるのである。

†水辺にこそ未来への可能性がある

世界各地の都市づくりの最新の状況を調べていると、どこも水辺の魅力を再評価する方向に動いていることがわかる。すでに紹介したニューヨーク、ボストン、ハンブルク、アムステルダム、さらには、ロンドン、リバプール、ダブリン、バルセロナ、ジェノヴァ、マルセイユなど、そのような都市は枚挙にいとまがない。いずれも、水辺が単に観光や商業の賑わいに満ちるだけでなく、魅力ある環境を求めて世界のトップ企業がオフィスを構え、同時に、クリエイティブな産業の担い手が水辺の倉庫、工場をリノベーションした格好いい空間に集まる現象が見られている。新たな経済基盤がそこに確実に生まれていることに驚かされる。

ニューヨークでは、一九六〇年代、マンハッタンのソーホー地区に芸術家が集まりロフト文化が生まれたが、その後、ジェントリフィケーション（再開発などによる地域の高級化）によってソーホーの家賃が上がり、創造的な刺激もなくなって、アートの拠点はウォーターフロントの倉庫群のあるチェルシー、ミート・パッキング・ディストリクト（食肉加工エリア）、さらには、ブルックリンの南のかつて「危ない」といわれていたレッド・フック等、いずれも水辺近くの倉庫、工場が集積する地区に移ってきた。その歴史的建造物は、現代アートやファッションの空間を受け入れるのにぴったりなのだ。これらの地区では倉庫や工場が活用・再生されて文化発信基地となり、経済を大いに活性化している。

スローフード運動を発展させてイタリアから始まったスローシティの考え方は、地方の小さな町だけにとどまる話ではない。大都市のなかにも、ゆったりとした時間の流れる豊かな環境をもったスローシティの空間を生み出したいと考える人は多い。水に開いたウォーターフロントの空間にはその可能性が大いにある。

ニューヨークのマンハッタンでのウォーターフロントの再生事業は、市民にスローシティの魅力を提供しているように見える。元々は物流基地で近づけなかったハドソン川沿いの水辺で、人々がゆっくりくつろぎ、ジョギングや散歩を楽しむ光景は、スローシティのモデルといえるだろう。その港湾空間のすぐ内側に建設されていた高架の貨物鉄道跡地を再生した「ハイライン」の気持ちのよい空中プロムナードで、川面や夕陽を眺めながらリフレッシュする市民の姿は、何とも羨ましい。

†ベイエリア開発は再考を

一方、東京では、臨海部の開発となると、ディベロッパーが進める高層マンション群を中心とする従来型の開発となる傾向がいまだに強い。現代の東京には発想の転換が必要である。人々にとって居心地のよい、そして社会性と歓びが得られるような都市空間が生まれることが望まれる。

そもそもタワー型マンションばかりが建ち並ぶ姿は、今後求められるサステイナブル(持続可能)な都市発展とは逆行するものであろう。時代の価値観の変化に応じて変身できる多様性をもった開発が望まれる。機能の複合化、住み手や働き手の多様化、そして既存の倉庫、施設なども活用した建築の多様性が必要である。その多様性を、先に見たアーキペラゴの発想と重ね、ベイエリアに新たな都市空間を創っていきたい。

そこでは、東京湾の自然の恵みを生かし、江戸前の魚を中心とした食文化が楽しめるし、豊かな生態系をもつ水に囲まれた環境の中に、生活と仕事と楽しみの空間が実現するだろう。それでこそ、世界のなかでの東京の固有の魅力をアピールすることに繋がる。

ポスト東京2020オリンピック・パラリンピックをも見据え、東京のベイエリアの開発を根本から考え直すことが、今、必要だと思う。

第 5 章

皇居と濠——ダイナミックな都心空間

法政大学の高層棟から見た外濠

1　三次元の水の都市・江戸

†新たな東京水都論へ

東京という都市の研究を始めて四〇年以上になる。東京は、知れば知るほど興味の尽きない実に不思議な存在だ。

一九七〇年代の中盤にイタリアで都市を読む方法を学び、帰国後、それを応用しながら都市砂漠といわれた時期の東京を対象に、その前身、江戸まで遡りながらこの都市の特徴、面白さを描き出す作業に取り組んだ。

しばらくして得た江戸東京の特徴に関する結論は、江戸城＝皇居の海側に広がる下町は掘割・河川が網目のように巡るヴェネツィアにも似た「水の都市」で、武蔵野台地側に広がる山の手は、起伏に富んだ緑豊かな「田園都市」だった、というものだ。拙著『東京の空間人類学』（筑摩書房）でも基本的にそうした考えを表明していた。

ところがその後、研究を色々な角度から深め、広げていくと、水の都市・江戸東京は、低地に発達したヴェネツィア、アムステルダム、蘇州、バンコクなどと共通する下町に広がる平坦な水網都市であるばかりか、西の武蔵野台地でも凸凹地形を巧みに読み、多様な水資源を活かしつつ、人間の手も加えて創り上げられた、世界にも類例のないダイナミックな三次元的「水の都市」だったことに思いが至った。

江戸城を取り巻く内濠、外濠も凸凹地形の自然条件を読み、高低差を取り込んで築かれた段々状の壮大な水の空間装置であるし、山の手を彩った大名屋敷の多くは斜面を活かして立地し、湧水を源とする池を中心に、江戸ならではの見事な回遊式庭園をつくったことを考えるならば、新たな東京水都論の可能性が垣間見えてくるのである（陣内・法政大学陣内研究室二〇一三）。

以後の章では、いわゆる東京の東側の低地である都心・下町のみを「水の都市」とする従来の見方から発想回路を解き放ち、もう少し自由な立場に立って、山の手・武蔵野・多摩へと思考の対象を広げ、東京と水の密接な関係を多角的に見ていきたい。

†地形を活かした城と濠の建設

徳川家康が江戸に幕府を開いたのは、慶長八年（一六〇三）のことだった。その後、江戸は発展をとげ、一八世紀には人口一〇〇万人を超える世界最大の都市にまで成長した。江戸は、世界的に見てもユニークな都市の立地条件をもち、それを存分に活かして形態的にも機能的にも優れた特徴を備える都市に発展したといえよう。それがどのような経緯を経てつくり上げられたのかを考えてみたい。そのためには、まずは原風景に遡ることから始めよう。

江戸の市域となる武蔵野台地の東側の縁辺部には貝塚が集中している。それは縄文時代の約七〇〇〇年前頃をピークに、地球の温暖化による海面の上昇が見られ、山の手台地の内側まで海が入りこんでいたことと関係する。たとえば、古川沿いでは広尾の天現寺橋《てんげんじばし》の少し下流まで、神田川沿いでは目白台地の裾の水神社《すいじんじゃ》あたりまで入り江が入り込んでいたと推測されている（松田二〇一三）。

その後、海が後退すると、河川によって運ばれた土砂や砂礫《されき》が堆積し、沖積層《ちゅうせきそう》と呼ばれる地層ができた。古代から中世には、台地の東側の低地においても、居住に適したいくつもの微高地に人が住み始め、その間の水面を船が行き交い、多方面との繋がりを持つ重要な地域となっていった。これが江戸のいわば「原風景」だったと思われる。

家康がまず、支配を固めるための居城を置くのに選んだのが、太田道灌《おおたどうかん》が築き、後北条氏《ごほうじょう》が受け継いでいた小さな城のある場所だった。この場所はもちろん現在の皇居がある場所だが、家康はここに新たな江戸城を築くことを決め、その周辺に大規模な城下町を建設する大事業に取り組んだ。当時の江戸の地形は、東部に湿地や水面が広がり、その先に江戸前島が延びる一方、北西部からは武蔵野台地が張り出しているのが特徴だった（図5-1）。

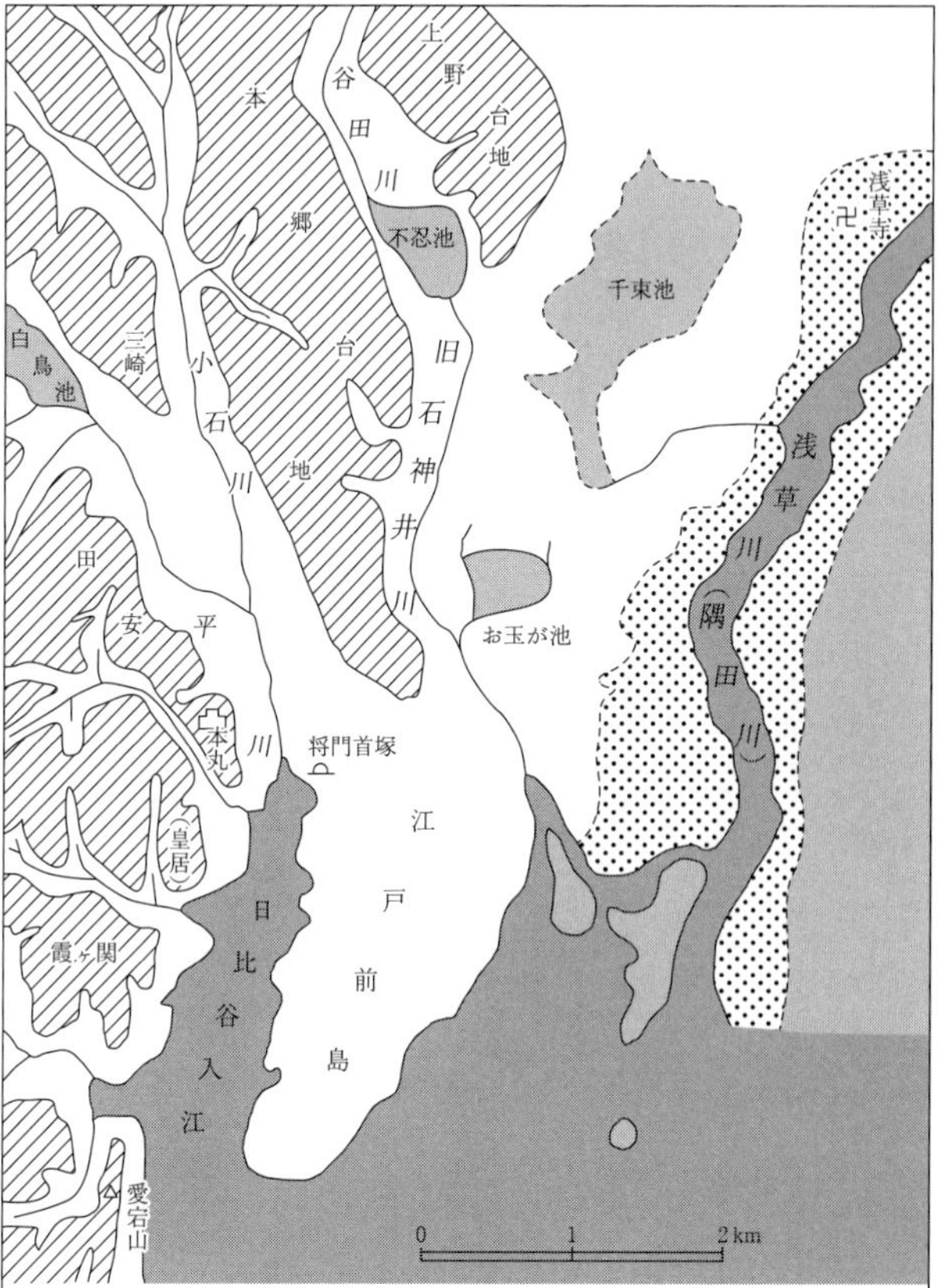

図 5-1　江戸の原型（鈴木 1991 をもとに作成）

家康が初めてこの地に立ったとき、目に入ってきたのはもっぱら葦原《あしはら》と寂《さび》れた寒漁村だった、と従来は語られてきた。しかし近年では、考古学や中世東国水運史研究の成果なども踏まえ、江戸は中世を通じて栄えていたと推測されている。伊勢・熊野の地から品川に至る太平洋海運と、浅草・葛西に通じていた利根川・常陸川水系を相互に結びつける湊として、重要な位置を占めていたというのである（岡野一九九九）。とはいえ、江戸の姿を大きく変貌させたのは、天正一八年（一五九〇）の家康入府だったのはいうまでもない。

†江戸の初期の開発

江戸の発展は三期に分けて語ることができる（以下、鈴木一九七八および岩淵二〇〇一をもとに記述する）。

第一期は、家康の江戸入府から幕府が開かれるまでの時期である。家康はまだ豊臣政権下の有力大名にすぎず、工事は徳川家の自営として、それに見合う最低限の開発から着手された。築城や城下の建設にあたり、家康は、江戸城下に掘割を通し、舟運によって石材、木材などの大量の建築資材と人々の暮らしを支える食糧を江戸に運び入れることを考えた。当時の江戸には、城のすぐ東側に日比谷入江が広がり、港の機能もあったが、これとは別に入江の向こう側の江戸前島のつけねの部分に舟運のための道三堀をつくった。これができたことにより、隅田川の河口、佃島沖周辺の江戸湊に停泊した大型の帆船から小型の船に物資を移し替え、道三堀を経由して江戸城のすぐ脇まで運び込むことができた。また、日比谷入江に流れ込んでいた平川の流路が変更された。

同時期に、小名木川が整備され、行徳で採れる塩などを江戸城下に運び入れる水路として活用された。こうして江戸開発の初期には、都市の土台づくりは、まさに掘割と水路の開削から始まったといえる。

†「天下普請」の大事業

江戸発展の第二期は、慶長八年（一六〇三）から始まる。関ヶ原の戦い（慶長五年）、に勝利した家康は、この年に征夷大将軍となり、江戸に幕府を開いた。その権力を行使して全国各地の大名を動員し、「天下普請《てんかぶしん》」と呼ばれる大事業が開始された。

その大きな土木工事は、神田山の土を削って日比谷入江を埋め立てることだった。こうして生まれた土地に、天下の総城下町にふさわしい規模の大名屋敷が並ぶ都心空間を形成できたのである。

埋立てと並んで重要だったのは、江戸城や濠の石垣建造のための石材の調達だった。石材は伊豆半島や真鶴近辺で切り出され、帆船で江戸に運ばれた。こうした大変な作業はすべて天下普請という名のもと、大名達に割り当てられた。特に西国の外様《とざま》大名が、石材の扱いに慣れているという理由から、苦労の多い石垣建設を命じられたという。慶長一一年から一二年にかけて天守閣を含む本丸と外郭の工事が始まり、慶長一五年から一六年になると、西の丸の石垣工事が行われた。石垣工事に欠かせないのが、舟入堀《ふないりぼり》と呼ばれる埠頭だった。舟入堀は運ばれてきた石材を陸揚げするために、日本橋と京橋の間に数多くつくられた。これらの工事も西国の大名たちが受け持った。

江戸建設のための資材としては、木材も不可欠だった。特に江戸城の建造には木曽川《きそがわ》流域から運ばれる木材が使われた。江戸市中の屋敷、町家などの建築にも大量の木材が必要で、多摩川水系、荒川水系沿いの山々から伐り出された木材が江戸に運ばれた。木材の運搬にも水が大きな役割を果たした。秩父などの山地で伐り出された木材は、ある一定の長さに整えられたあと、筏に組まれ、川を下って江戸の木場に運ばれていた。

その木場が、江戸の発展段階に応じて、時代ごとに適切な水辺を求めて場所を外に移動したことも興味深い。江戸の初期、日比谷入江にあった木場は、今の銀座の海側の三十軒堀《さんじっけんぼり》に移動するが、その後、火事の被害を受けにくい隅田川の東側に移り、さらに東の、現在の江東区木場に移動して大きく発展した。だが、東京湾の埋立ての進行とともに、一九六九年に新木場が建設され、独特の下町文化を生んでいた木場は、ベイエリアの新天地に移転することになったのである（第3章参照）。

†神田川の誕生

図5-2　御茶ノ水の渓谷（鈴木知之撮影）

慶長二〇年（一六一五）、豊臣家が大坂夏の陣に敗れて滅び、天下は完全に徳川のものとなった。江戸発展の第三期は、それからしばらく時を経た元和六年（一六二〇）頃から始まる。徳川家の権力は最高潮に達し、それまで以上に大規模に大名動員が行われた。

この時期になると、江戸城では石垣を積んで内濠を巡らす工事が行われ、内郭《ないかく》（内濠の内側。外郭は内濠と外濠の間）の御門の建設にも力が注がれた。同時に、水害対策にも目が向けられ、現在の御茶ノ水付近で神田山を開削して切通《きりとおし》をつくる大工事が行われた。江戸市中に向かって流れていたかつての平川の流れを東に付け替え、隅田川に合流させて江戸を洪水から守るのが目的だった。これより四〇年後の万治三年（一六六〇）には大規模な拡張工事が行われ、神田川と名を変えて舟運にも利用されるようになった。

こうして人工的に手が入って生まれた渓谷としての御茶ノ水付近の水辺の光景は今も受け継がれ、豊かに育った緑とともに、大都市のなかに貴重なオアシスを生んでいる。このようなダイナミックな渓谷美を誇る都心空間は世界中を探しても東京にしかない（図5－2）。だが、それを堪能するには、船で行く必要がある。神田川にも舟運を復活して、この隠れた水辺スポットをより多くの人が体験できるようにしたいものだ。

江戸（東京）が都市として興味深いのは、世界にも類例がないほどに変化に富んだ凸凹地形をうまく読み、さらに人が手を加えて、その特徴を活かした空間をつくり上げたという点にある。たとえば、ヨーロッパの代表的な水の都市、ヴェネツィアやアムステルダムは、平坦地につくられ、市域の標高差は小さい。二次元的な水の都市である。一方、江戸は三〇メートルもの標高差がある場所につくられた地理的、空間的変化に富む都市である。ここまで起伏の激しい土地でうまく水と向き合い、巧みに手を入れて三次元的な水の都市に発展させていった例は、江戸以外に存在しないのではなかろうか。

2 内濠と外濠

†内濠と外濠の水が循環する空間構造

内濠が完成すると、寛永六年（一六二九）には外濠の工事が始まった。完成は寛永一三年（一六三六）であり、伝えられる江戸の地図でも最も古いものの一つ、「寛永江戸全図」（寛永二〇年（一六四三）頃）を見ると、内濠ばかりか外濠の形がすでにしっかりと描かれているのがわかる（図5‐3）。

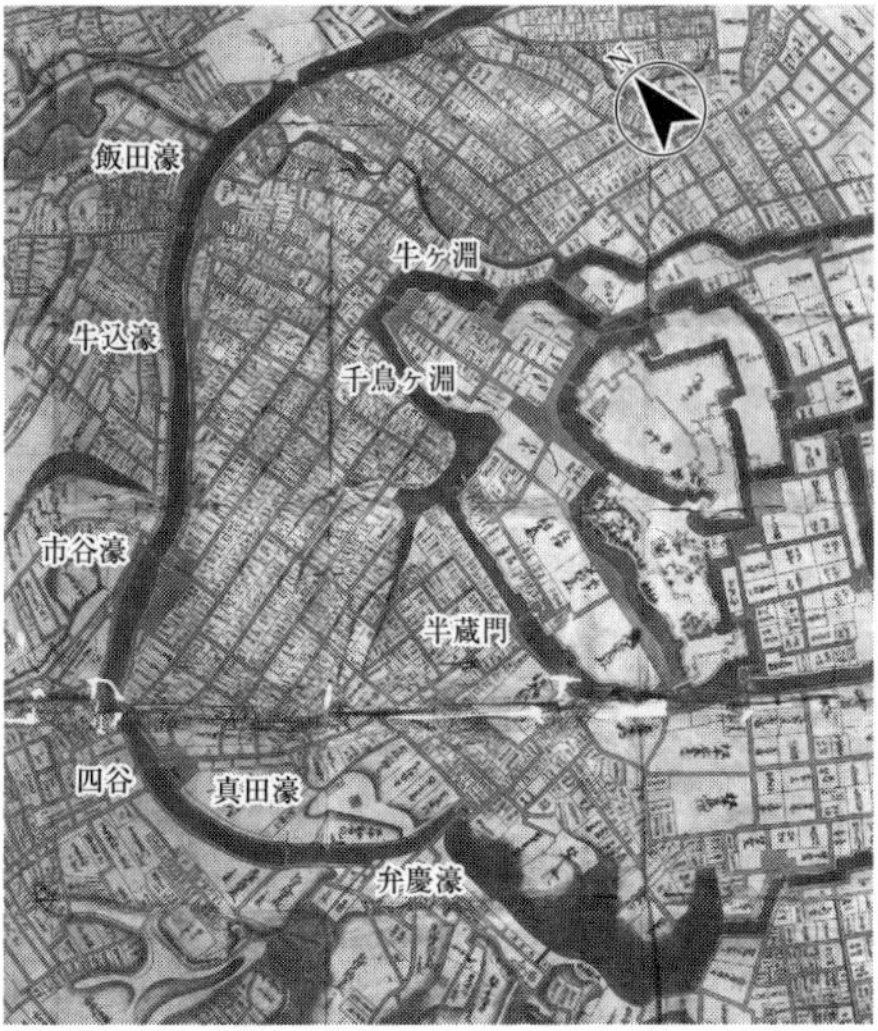

図5-3　「寛永江戸全図」部分（臼杵市教育委員会蔵）

東京の七つの丘で最も広い台地面をもつ淀橋台《よどばしだい》、その先端にあるのがかつての江戸城、現在の皇居である。この台地面は平らではなく凸凹の地形をもち、小川や沼地、窪地も存在した。二つの濠のでき上がった構造を調べると、そうした凸凹の土地の条件を巧みに活かし、高度な土木技術を駆使して創り出されていることがわかる。

内濠では、半蔵門や九段あたりの地盤が高いのに対し、千鳥《ちどり》ヶ淵《がふち》と牛《うし》ヶ淵《がふち》が周囲に比べ低い位置にある。鈴木理生によれば、「淵」とは小さな川の上流からの水をダム工事によってせきとめたものを指すという（鈴木一九七五）。このことからも、高い台地を掘削し、もともとの低い淵をつなぎながら内濠ができあがった過程が想像できる。

世界の権力者の城、あるいは宮殿を見ると、北京の紫禁城《しきんじょう》、パリ近郊のヴェルサイユ宮殿をはじめ、その形態、配置に軸線、対称形、幾何学形態をもつものが多い。一方、江戸城＝皇居の航空写真を見ると、自然の論理を読み地形を活かしながら、変化に富んだ有機的な形態を生み出しているのに驚かされる（図5－4）。しかし、そこには人工的な手が大きく入っていることも忘れてはならない。そこに独自の美意識が生まれる背景もあったのである。

千鳥ヶ淵の桜は現代人に花見の場を提供しているが、近代の産物であり、防御を最優先させた江戸時代には存在しなかった。将軍の城から天皇の宮殿に移行した後に、桜が植えられ景観が変化したのも興味深い。明治一四年（一八八一）に英国大使館前にソメイヨシノが植樹された記録があるという。

この千鳥ヶ淵に接して建つイタリア文化会館の最上階にある館長公邸での花見の宴に時折招かれる。その大きく取られたベランダから見下ろす千鳥ヶ淵の満開の桜は見事というしかない（この世界に誇る美しい水辺風景も水都東京の一つの要素と考えるような論理が必要だと感じる）（図

5-5)。

外濠は内濠以上に大きな高低差を示し、飯田橋のあたりが低く、市ヶ谷では少し高くなり、四谷の真田《さなだ》濠《ぼり》が最も高い所にある。私の所属する法政大学本部の市ヶ谷キャンパスは、その外濠の飯田橋と市ヶ谷の間に位置し、牛込濠《うしごめぼり》に面する（明治に新見附橋ができ、市ヶ谷駅寄りの水面は新見《しんみ》附濠《つけぼり》となった）。このあたりでは、市ヶ谷駅の南西方面から飯田橋駅付近にかけて旧紅

図5-4　皇居周辺

図5-5　イタリア文化会館館長公邸からの眺め
(Paolo Calvetti 撮影)

葉川が流れて小さな谷を形成しており、この谷筋を利用して外濠が構築されたとされる。

法政大学市ヶ谷校舎の建替え工事にともなう発掘調査によって、濠に向かい急勾配で下る斜面を切土し、また濠の底をさらに掘って出た土を盛土して条件のよい宅地がそこに造成されていたことが判明している（東京都千代田区二〇一五）。こうしてできた旗本屋敷の敷地に、今の法政大学市ヶ谷キャンパスがある。一方、南西の四谷に向かう高台部分は人工的に掘削されて市ヶ谷濠となった。

こうして、台地状の高い所は掘削して低い所と繋ぎ、城のまわりを円環状に巡る内濠、外濠という二重の濠の仕組みができた。どちらも、高低差に沿って、レベル差のある幾つかの濠に分割され、段々状の水面が数珠つなぎに連続する「人工水系」である。上から下へ、時計回り、反時計回りとそれぞれ水が流れる水循環システムができあがったのだ。

外濠は、最も高い真田濠から、時計回りに見ると、市ヶ谷濠、牛込濠、飯田濠に分割され、順繰りに繋がる構成ができた。反時計回りには、真田濠から、紀伊国坂に沿って赤坂見附まで延びる弁慶濠に水が流れる仕組みになっていた。なお、この真田濠は、東京大空襲による戦災瓦礫の廃棄場となり、埋め立てられる運命にあった。

このような河川の水面を上から下へ段階状に幾つかに分割する技術は日本古来の水田築造技術に由来する、という興味深い説もある（鈴木二〇一二）。

†玉川上水からの供給

では、その水はどこから来たのか。雨水に加え、豊富な湧水が随所にあったとしても、それだけでは十分ではない。その観点から近年、注目を浴びているのが、外濠構築一八年後の承応三年（一六五四）に完成した、武蔵野台地の尾根筋を通り甲州街道に沿って四谷見附に至る玉川上水の存在である。この点について、考古学の成果を踏まえ歴史学者の立場から論じたのが、北原糸子の著書『江戸城外堀物語』（筑摩書房）である。

長い間、玉川上水については、上水の本来の機能である飲料水の供給、そして庭園への水の供給に主たる関心が向けられてきた。だが、外濠には玉川上水の余水吐《よすいは》け口《ぐち》が設けられたことが発掘で明らかになり、このことから玉川上水が堀用水でもあったことがわかる。しかし、外濠構築から玉川上水ができるまでの期間はどうなのか？　北原はさらに、ＪＲ四谷駅前通りで発掘された大木枡・大木樋、さらにそれらを廃棄して上に重ねてつくられた石組枡こそが外濠構築時と同時期につくられた用水施設の遺構で、大木枡から濠への導水路が付けられていたことからも、この用水施設一つの機能が堀への水の供給にあったに違いないと推察する（北原一九九九）。

こうして我々は、外濠には構築された最初の段階から用水によって水が供給され、続く玉川上水の完成でそれが強化される形で水の循環が成り立っていたことを知ることができる。

外濠が完成し、江戸城を中心として内郭と外郭ができたことで、城下町の輪郭がより明確になった。内と外のゾーン分けがはっきりし、内側には大名屋敷や上級武士の屋敷が置かれ、外側には大名屋敷も多くあったが、主に下級武士の屋敷や町人地が置かれるようになった。こうした棲み分けは、江戸の住民の格付けにも繋がっていった。現代の東京にあっても、外濠の内の江戸城＝皇居に近い千代田区側と外の新宿区側では、敷地の規模、建物の用途などに明白な違いが見てとれ、城下町時代に確定した社会的、空間的ヒエラルキーが、基層にそのまま生きていることがわかる。

3 外濠の魅力の再発見

†外濠という資産

東京では一九八〇年代以後、水の都市の復権が進み、日本橋川、神田川、隅田川、江東の掘割など、都心・下町の広いエリアの水辺の魅力が再認識されてきた。ところが不思議なことに、江戸の歴史的な資産を受け継ぎ、水と緑に包まれたこの外濠の重要性や魅力には、意外にも人々は気づかないできた。

その江戸城のお膝元の千代田区側には見附の御門が幾つも配され、水際を石垣で固めた防御機能を担う軍事的な濠だったこともあり、外濠が一般市民にはいささか馴染みの薄い水辺であったのは否めない。

しかし、振り返ると、明治以後の近代社会になってからは、外濠は、今に比べ水辺がずっと

図 5-6　昭和初期の神楽河岸（仲摩 1931）

図 5-7　牛込濠と法政大学（昭和初期）
（法政大学大学史資料委員会蔵）

活かされていた。神楽坂下の空間は、近世の河岸、物揚場の機能を受け継ぎ、さらに発展させて舟運基地として賑わい(図5-6)、牛込濠にはボート遊びを楽しむ若者の姿が多かった(図5-7)。戦後すぐ四谷周辺での埋立てで水面の繋がりが分断され、やがて東京オリンピックを迎える頃、水離れの現象が加速し、残された外濠全体も人々の意識から遠のいていったというのが現実だろう。一九七〇年代、反対運動を押し切る形で東京都によって飯田濠が埋立てられ、複合施設「飯田橋ラムラ」の建設が行われて、以後、地元の方々の外濠への思いも断ち切られていた。

一方で、東京が誇るこの空間は、一九五六年(昭和三一)に「史跡江戸城外堀跡」として国史跡に指定され、これまで守られてきた。ところがその価値については、市民ばかりか専門家の間でもあまり認識されない状態が続いた。幸い、文化庁の指導のもと、千代田、新宿、港の三区が共同して委員会をつくり、石垣、御門などの史跡としての価値を調査・検証し、二〇〇八年に『史跡　江戸城外堀跡保存管理計画報告書』が刊行された。それに基づき千代田区、新宿区、港区の三区が連携しての景観まちづくりの取り組みが開始された。だが、その成果はまだなかなか見えてこない。

†外濠復活への諸活動

山の手から武蔵野へと広がる新たな東京水都論の鍵になるのが、この外濠である。私が長年勤務した法政大学は、東京都心の市ヶ谷地区に、外濠をはさんで千代田区と新宿区にまたがって立地する。この濠の内側に文系学部が集まる市ヶ谷校舎が、濠の外側に私が勤務していたデザイン工学部などの校舎がある。都心だけに校舎の敷地は手狭だが、そのすぐ外に広がる外濠の壮大な空間は、法政大学のまさに前庭であり、キャンパスの一部と考えることもできる。詩人、佐藤春夫の作詞になる法政大学校歌にも、「見はるかす窓の富士が峯の雪　蛍集めむ門の外濠」とあり、外濠は大学にとってかけがえのない存在といえる。

東京を美しく風格のある都市にするためにも、その要の位置にある外濠を蘇らせたい。江戸の城下町建設が生んだ偉大なこの歴史遺産は、同時に水と緑の豊かなエコ廻廊としての価値をもつ。だが市民の関心はまだ薄く、宝物が眠った状態にある。まずは地元から声をあげ、水質を改善し、人々に親しまれる水辺空間を是非とも取り戻したい。そんな思いから、法政大学のエコ地域デザイン研究所では、このエアーポケットのような感じで誰も手をつけないできた外濠に光を当て、本格的に研究しようと考えた。

その調査研究成果が二〇一二年に『外濠』（鹿島出版会）として刊行されると、幸い徐々に動きが生まれてきた。地元に古くから根を下ろす大日本印刷株式会社（DNP）が社会貢献のために外濠再生の活動に一緒に取り組むことになり、また、神楽坂地区に立地し以前から外濠について様々な活動を展開してきた東京理科大学とも共同体制ができた。

また外濠への思いをもつ神楽坂商店街の有力者をはじめ地元の方々にも加わっていただき、「外濠市民塾」が二〇一三年に誕生した。外濠周辺には、東京の特に西側の郊外によく見られる自然環境、歴史的環境の問題に取り組む市民、住民の動きがないなかで、「企業市民」（企業、及びそこで働く人々も地域における良き市民である）という考え方を押出し、都心ならではの活動形態をめざしてきた。講演会、セミナー、見学会、ワークショップ、桜の風景のフォトコンテスト等、多彩な活動を展開し、地域の方々、在勤者、大学生、高校生が大勢参加し、盛り上がりを見せてきた。さらに、これに重ねて二〇一六年に「外濠再生懇談会」が発足し、自治会、文化団体、協議会、まちづくり団体、行政に働きかけ、大勢の参加を得て、事務局を両大学において活動してきた。

こうした動きに呼応して、外濠沿いに本社を有するKADOKAWA、ヤフーや前田建設工業など一三社が、水の流れの復活で外濠を浄化・再生しようと「外濠水辺再生協議会」を二〇一七年に立ち上げ、企業連合を作って市民と連動して景観を良くしていこうという動きが始まった。東京において、民間企業が連携し、こうしてある特定の広がりをもった地域の環境保全、まちづくりをテーマに合同で取り組む試みは極めて稀であり、おおいに期待したい。

こうした活動のなかで、最重要課題として、外濠の水質改善という課題が浮かび上がってきた。夏はアオコが大量に発生し、悪臭がひどい。折しも、日本橋川の浄化などの活動に取り組む中央大学の河川研究の第一人者、山田正教授《やまだただし》が外濠の水質改善のプロジェクトに大きな関心を示したことで、次へのステップが切り開かれた。

国土交通省時代に水循環法の成立に貢献した細見寛《ほそみゆたか》氏の呼びかけで、山田氏を中心として中央大学、法政大学、東京理科大学、日本大学、東京大学が連携し、「水循環都市東京」をテーマに掲げるシンポジウムをリレー形式で二〇一四〜一五年に行った。すでに述べたように、かつては玉川上水の水が外濠に入ることにより水量が保証され、水質が保たれてきた。それをまた復活させることで、外濠を蘇らせようという構想である。外濠の水をきれいにすることで、下流の日本橋川も蘇る。夢のある大きなプロジェクトが今、動きつつある（第8章参照）。

✝水に最も近い「カナルカフェ」

外濠に関して、一つだけ付け加えておきたい。この濠は、史跡としての価値を誇ると同時に、水と緑の豊かな自然に包まれ、世界都市・東京の都心に風格のある美しい空間を生んでいる。ここ市ヶ谷から飯田橋の間には幸い、都会のオアシスともいうべき素敵な水の空間が受け継がれている。

その一角、飯田橋御門の水辺に、「カナルカフェ」という評判のイタリア・レストランがある。私のお気に入りスポットである。歴史は古く、大正七年創業のボート乗り場「東京水上倶楽部」に始まる。若者の身体を鍛えて欲しいと願い、現在のオーナーの祖父が友人の後藤新平の後押しを得て、私財を投げ打って創業したという。以来、水辺はこの家族によって守られてきた。外濠にはある間隔ごとに段差が設けられ、水面の高さが安定しているので、水とデッキはごく近い。東京で、あるいは世界で、水に最も近い場所の一つといえるかもしれない。

水辺の再評価を目指す陣内研究室がこの魅力ある場所を見逃すはずがなかった。水上に伸びるデッキの奥まった場所を活用し、二〇〇六年から私が建築学科を退任するまで一一年間、毎夏、

図 5-8　カナルカフェの水上コンサート

「奏《かなで》」と銘打って、水上コンサートを実現してきた(図5-8)。水際にステージを組み、手前の地上席に加え、三〇艇ほどのボートが水上席となって演奏を楽しむ。ここで是非演奏したいといって、出演料なしでも素晴らしい演奏者が毎年集まった。夕暮れ時に始まり、徐々に夜景に転ずるマジックアワーの時間帯のこの水辺は、最高の舞台となる。大都会、東京の真ん中でこんな贅沢な体験ができるのは嬉しい。

†外濠の近代と水都東京

「外濠市民塾」の活動を法政大学として福井《ふくい》恒明《つねあき》教授とともに担ってきた若手の高道昌志《たかみちまさし》が、博士論文をもとに刊行した『外濠の近代』（法政大学出版局）は興味深い。そこで重点的に扱われるのが、舟運基地としての神楽河岸だ。これは外濠が神田川に繋がる飯田濠にある。

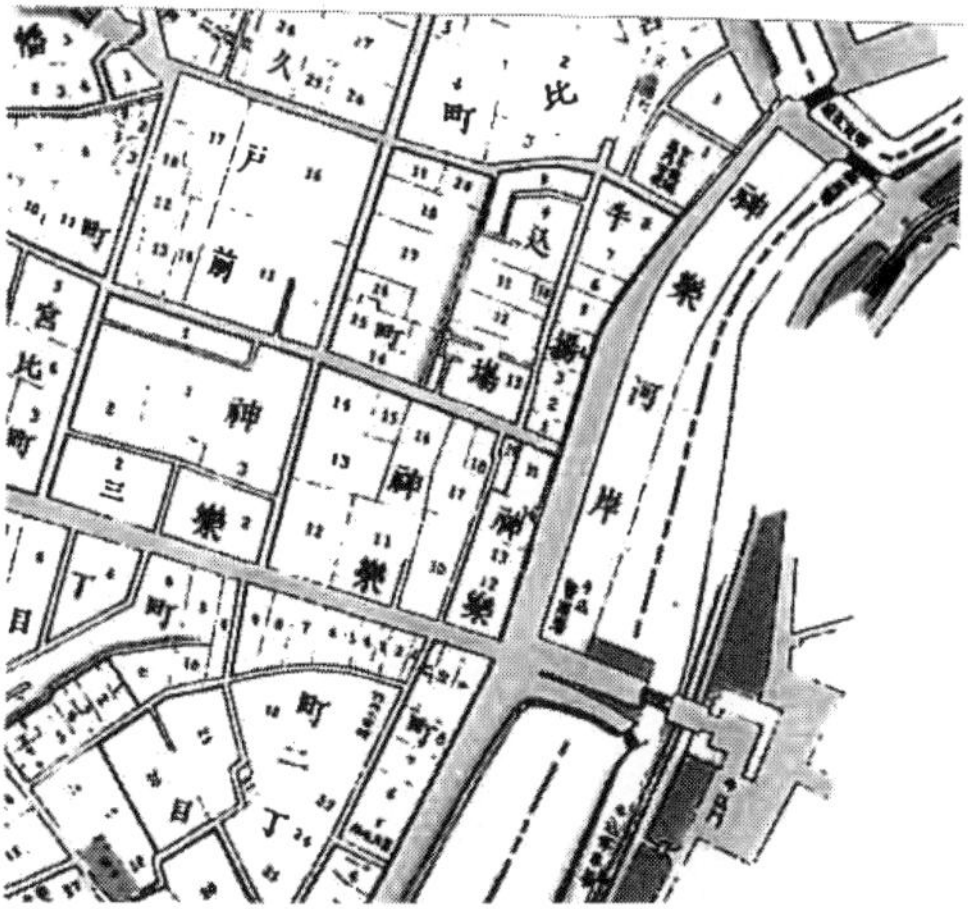

図5-9 「東京市牛込区全図」（部分、明治29年）
（新宿区教育委員会 1982）
牛込門（右下）、揚場町（中程）、神楽河岸の名前がある

牛込御門から外濠を対岸に渡った神楽坂側に、牛込揚場町があった。神田川を遡航してきた艀が到達できる最終地点であり、町名にもあるように、規模の大きな揚場、すなわち河岸が存在した（図5‐9）。江戸時代のこの水辺空間に関しては、すでに吉田伸之が光を当てている（吉田二〇一五）。この牛込の揚場は、

牛込・小日向・小石川・市ヶ谷など、江戸城から見て郭外の北西部に分布する武家屋敷や町人地に多様な物資を供給する、この地区で最大規模の河岸だった。

ちなみに、外濠の牛込御門より奥は、段々状に水位の差が設けられていて、船の航行は不可能であり、この牛込の揚場が、船が入れる最上流地点であった。牛込の揚場には、中央部分に、市ヶ谷門外の南西近くにある尾張徳川家上屋敷に薪炭《しんたん》などの物資を運ぶための物揚場として「尾張様物揚場」があり、それを挟む形で両側に民間の河岸である「町方揚場」があった。

高道の研究は、この江戸時代の揚場が近代にどう発展的に展開していくかを、東京府が発行した明治一五年の「河岸地台帳」と明治一八年の「河岸地沿革図面」をもとに明らかにする。牛込の揚場のある神楽土手、及びその下流、神田川に面する市兵衛土手は、明治政府の河岸地に対する包括的な制度としての「河岸地規則」(明治九年)によって河岸地に編入され、それぞれ神楽河岸、市兵衛河岸と命名された。

明治になって舟運利用がより活発になり、神楽土手は河岸として規模も機能も拡大し、一方の市兵衛河岸は、その西側の一部に民間借用の石・材木等の荷出しをする河岸をもち、水車地としての利用もあったが、大半が陸軍省と陸軍砲兵工廠の重要な河岸地となった。砲兵工廠は一八七一年から一九三五年までこの地で操業したが、その荷揚げ場に船が数多く集まっている写真を見ても、その生産活動にとって舟運がいかに重要だったかがわかる。こうして外濠の一部の飯田濠、神田川のこの部分が水都東京の重要な一角を占めることになったことを、高道の研究は物語る（高道二〇一八）。

明治期に舟運が重視されたことは、明白である。まず、本書で何度か述べたように江戸の治水対策として一六二〇年（元和六）に神田川を掘削し平川を付け替えて以来、堀留の状態になっていた日本橋川を掘り起こし、船の周遊を可能にして舟運を強化する事業が市区改正計画に組み込まれた（第2章参照）。しかも、新宿―八王子間に開設されていた甲武鉄道を都心に向けて延長するにあたり、開削される日本橋川に面して終着駅としての飯田町駅を建設することが、やはり市区改正計画に盛り込まれた。その水際には、物揚場としての河岸がとられたのである。後に甲武鉄道が万世橋駅まで延長され、この飯田町駅は貨物専用となるが、河岸の存在は舟運と鉄道の連結にとってうってつけだった。

また、神田川沿いの砲兵工廠の対岸で、日本橋川を隔てた飯田町駅の向かいに、三菱が丸の内とともに払い下げを受けて、計画的な煉瓦街である「神田三崎町」を実現させたことも注目される。この煉瓦街は文明開化を象徴する東京の輝く街の一つだったのだ（岡本二〇一三）。ベイエリアからだいぶ入り込んだ内側においても、水都東京の華やかな建設活動が見られたことが注目される。

このように外濠から、その一部の飯田濠、さらに神田川の水道橋周辺にかけての水で結ばれた地域の近世から近代にかけての歴史に光を当てることが、従来、日本橋川や掘割群、隅田川ばかりを舞台として語られてきた江戸東京「水の都市」の枠組みを越えて、山の手から武蔵野へと思考を広げる「新たな東京水都論」への可能性を切り拓いてくれる。

第 6 章

山の手――凸凹地形を読みとく

水の辺、山の辺をもつ不忍池

1　山の手を「読む」

†イタリア流「都市を読む」方法の東京への応用

私の東京研究は、そもそも、学生時代にイタリアに留学して学んだ「都市を読む」方法を応用することから始まった。我々の世代が大学で建築を学んでいた一九七〇年前後、高度成長がまだ続く中、日本の建築の世界では、既存の都市空間を壊して再開発をすることばかりが行われ、既存の空間がもつ歴史的、文化的な価値への関心は極めて薄かった。東京をはじめとする我が国の現実の大都市は、近代化をめざす開発をどんどん推し進め、その結果として、歴史や自然を失い、文化的アイデンティティも喪失していった。

こうした状況を根本に立ち返って批判的に捉えたいと思い、建築史の世界に進むことを選んだ私には、より社会と関われそうな領域として、都市の歴史が魅力的に見えた。それも文献史料から組み立てる学術的な都市史というより、現実の都市に飛び込み、その中から歴史を描き出すことに興味があった。

歴史的にでき上がった建築、都市空間のもつ価値を理解する方法、視点を学びたいと考え、イタリア、特にヴェネツィアを留学先に選んだ。人々が長い時間をかけてつくり上げてきた「生きられた都市」を対象に、歴史の襞《ひだ》のある空間、場所の記憶、時間の重層などを解き明かす方法を学びたかったのだ。

さすがに都市の歴史を誇るイタリアであり、一九五〇年代の終盤からすでに、過去の蓄積を否定する近代の反省に立ち、歴史的都市への関心が生まれていた。その先端の動きとして、様々な時代の層が重なり複雑な姿をもつ都市の成り立ちを解いて見せる方法を一九五〇年代の末に初めて示したのが、ヴェネツィア建築大学で教鞭をとったサヴェリオ・ムラトーリである。

彼により、文化財的価値の高い個々のモニュメントとしての建築に焦点を当てるのではなく、その土地に見あった共通の性格をもつ〈建築類型〉を抽出し、都市のコンテクストと結びつけながら、その成立・変化をダイナミックに分析する「建築類型学」という方法が示されたのだ。建築は敷地割をともなって集合し、道路、水路などとともに有機的な織物をつくりあげる。それを〈都市組織〉と呼ぶ。〈建築類型〉と〈都市組織〉を組み合わせることで、複雑にできあがった歴史的な都市空間がいかに成立しているか、その原理が動的に把握できるのである（陣内一九七八）。

一九七六年秋、留学から戻り、法政大学で非常勤講師を始めた私は、翌年一月に、熱心な学生たちと早速、「法政大学・東京のまち研究会」をつくり、東京の調査・研究に取り組むこと

図6-1　街道沿いの町家

にした。イタリアで学んだ「都市を読む」手法を、日本で直接、応用してみたかったのである。

幸い関東大震災、戦災を逃れ、古い町並みを残している台東区の下谷・根岸地区と出会った。江戸の市街地のすぐ外側に突き出す形で、日光裏街道沿いに帯状に発達したエリアで、伝統的な建物とそこに暮らす人々のコミュニティがよく継続していた。ここにイタリア流の類型学的手法を応用すると、江戸時代から受け継がれた日本らしい空間の秩序が見事に浮かび上がった。

まず、街道に沿う元の町人地には、表側に、店と住まいが一体となった商人の〈町家〉が並び（図6－1）、その奥へ伸びる路地に沿って質素な職人の〈長屋〉がある。さらに、その裏手の奥まった静かな場所に、樹木に囲まれた寺や神社の聖域が潜む。その背後に武家屋敷の系譜を引く、門をもち塀に囲まれた庭付きの独立住宅が並んでいる。ここまでがアーバンエリアであり、さらにその周辺には、農家型の住宅が広がるという具合だ（陣内・板倉一九八一）。

†「山の手」解読への挑戦

こうして下谷・根岸のフィールド調査で「都市を読む」研究の面白い成果をあげることができたとはいえ、ノスタルジーの感じられる下町の伝統的な地区だけに目を向ける消極的な姿勢では、ダイナミックな東京に切り込むことはできない。そう考えた私は、「法政大学・東京のまち研究会」の次の研究対象としては、思い切って発想を変え、旧江戸の「山の手」にあたり、近代東京の主役で西側の高台に広がる都心エリア全体を調査地とし、その場所の特徴を時間の軸を入れて読み解く作業に挑戦したのだ。四〇年ちょっと前の話である。

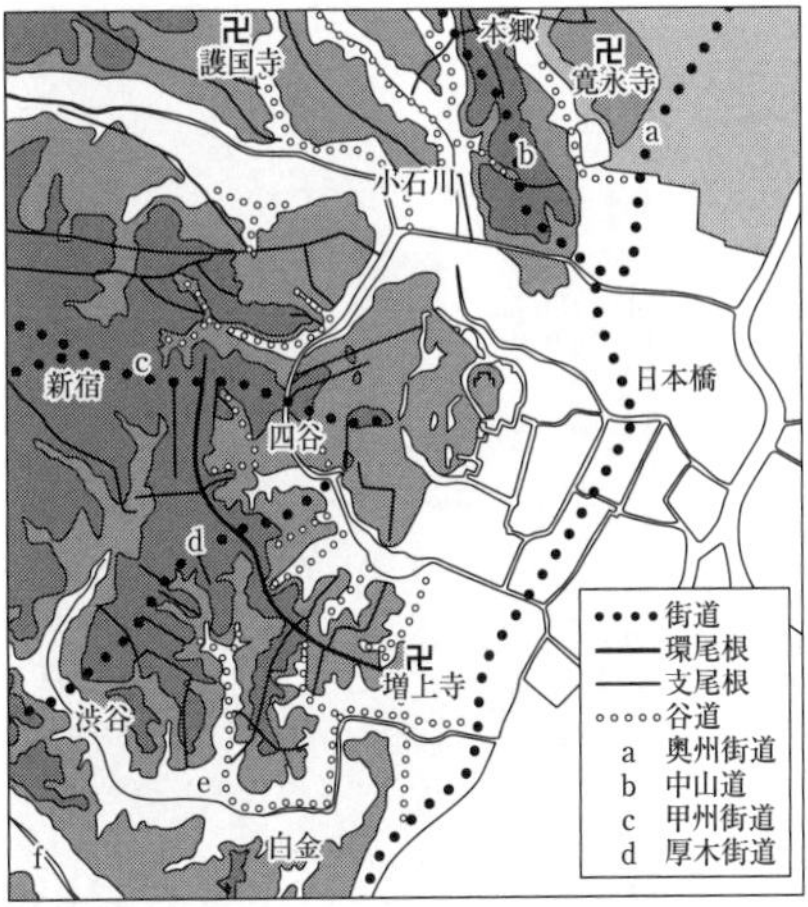

図 6-2　山の手の地形と道路

調べる対象は山手線のほぼ内側全体にあたる広い範囲で、丘あり谷ありの地形の変化を特徴とし、都市構造が複雑でわかりにくい。しかも、近代化=西欧化を強く経験し、震災、戦災にも遭ってきただけに、イタリア都市と

図6-3　四谷荒木町の階段

は異なり、都市の中に残る古い建物は少ない。それでも受け継がれる日本らしい要素がたくさんあるに違いないと私は考えた。

東京はローマと同様、七つの丘をもつ。それとの比較も念頭に置いて、凸凹地形を特徴とする山の手を調べていくと、東京の個性が面白いように浮かび上った。まず、道路のネットワークを凸凹の地形の上に重ねてみた。この手法も実は、フィレンツェ大学のジャンカルロ・カタルディ教授がアペニン山脈を背骨とし、山や丘、谷、川、平野などがあるイタリア国土の上に道路が歴史的にどうつくられ、都市がいかに発展してきたかを図解した仕事からヒントを得たものだ。それを東京の山の手の分析に応用してみると、広域を結ぶ主要な道路がすべて尾根を通る一方、ローカルな庶民地区を通る谷道が存在し、その両者を坂が結んでいる、という興味深い原理が浮かび上がった（図6－2）。

たとえば、江戸城＝皇居の半蔵門から出た甲州街道は四谷、新宿へ向かって尾根を通る。そこから南に分岐して下る谷道に四谷鮫河《さめが》橋《はし》（現：若葉町）があり、街道の北側の谷の窪地には四谷荒木町が潜む（図6‐3）。また、御茶ノ水から中山道を北へ進むと、本郷の東京大学の手前で、北西に向かって、谷間に佇む庶民地区へ通じる菊坂《きくざか》が分岐するという具合だ。若葉町にしても、菊坂にしても、道路の背後の高台に寺院群が配されている点で共通する。若葉町には、大ヒットを記録したアニメ映画「君の名は。」でロケ地に使われ、若者の間で聖地となった須賀神社があり、大階段を上った高台から眺める風景は壮観だ。ちなみに、須賀神社の始まりは、寛永一一年（一六三四）、赤坂一ツ木村の清水谷にあった稲荷神社を江戸城外濠普請のため四谷のこの地に遷座したことにあるとされる。

†重ねた地図から見えてくるもの

次に我々は、現在の山の手の様々なエリアを対象に、最も詳細で使いやすい古地図として、「尾張屋版江戸切絵図」を現在の二五〇〇分の一の地図に重ねて比較する作業を行った。歴史がそのまま受け継がれ、空間の構造がわかりやすい地方の城下町などでは定石《じょうせき》ともいえるこの方法だが、歴史の断絶したイメージの強い東京でそれを試みることは、それまで誰も考えついていなかった。古地図はデフォルメが激しいので、近代測量にもとづいて作成された参謀本部測量局の詳細な一八八四年（明治一七）の地図を間にはさんで参照すると、その作業は比較的楽に進められた。こうした重ね作業をやってみると、関東大震災後の区画整理を受けていない山の手においては、街区、敷地割り、道路網などが見事に重なるのに驚かされた。

こうして作成した重ね図を手に、我々は実際の山の手を隅々まで歩いた。それによって、尾根から谷に至る変化に富んだ凸凹地形とその上に江戸時代に生まれた土地利用の関係をリアルに把握できた。そして大名屋敷、中・下級武家地、町人地、寺社地などがどこにどのような形でつくられたのかを、その設計手法まで考察することができた。丘の南下りの斜面緑地には、その優れた条件を活かし、大名屋敷がしばしばつくられた。そこには共通した空間の論理があり、高台の尾根道からアプローチをとって、平坦な場所に立派な邸宅を置き、その下に広がる斜面には、湧水が生む池のまわりに回遊式庭園がつくられた。そこには、西洋や中国の都市のような幾何学、シンメトリー、軸線、モニュメンタリティとは無縁で、逆に、大地の起伏を読み、自然と対話しつつ、様々な都市機能が柔軟にレイアウトされた様子を見て取れるのである。

†明治以降に受け継がれたもの

こうして江戸の都市空間の形成原理がわかるのと同時に、特徴あるその仕組みが明治以後の近代にどう受け継がれたのかが読み取れた。高台や斜面を活かした優れた環境を誇る大名屋敷の跡地には、官庁、軍事施設、大使館、大学などが入り、後の時期には、回遊式庭園を活かし高級ホテルが多く誕生した。
特に、条件のよい丘の南下りの斜面に、湧水の池を巡る回遊式庭園の素晴らしい空間が今も残る。三田の丘を上から見てみよう。

図6-4　空から見たイタリア大使館　見事な池が見える

かつて私はヘリコプターで東京上空を飛んだことがあるが、江戸の歴史的財産を継承し、東京の山の手でも最も格調の高い環境をもつこの丘の情景に感動し、夢中でカメラのシャッターを切ったのを思い出す（図6-4）。高台の尾根道からアプローチするオーストリア大使館、三井倶楽部、そしてイタリア大使館が見事に連なっている。ちなみに、その南隣りの丘上にある慶應義塾大学は、その下を通る広い街路から階段を登って入る。いま述べたどの施設も、大名屋敷の近代における華麗なる転用を示す好例だ。

そのうちの三井倶楽部とイタリア大使館の敷地の裏手には、江戸の大名屋敷の面影を伝える美しい回遊式庭園が受け継がれている。一八七〇年（明治三）に三井家の所有となった三井倶楽部では、高台に有名なジョサイア・コンドル設計の洋館（一九一三年竣工）を配し、その背後に、芝生を敷き詰めた対称形のルネサンス様式の洋風庭園、その南の木立に包まれた一段下のレベルには、斜面から低地にかけて池のある和風の回遊式庭園が展開する。

綱坂《つなざか》を挟んでその東側にあるイタリア大使館は、江戸時代の池を巡る素晴らしい回遊式庭園を今に受け継いでいる。和のコンセプトを取り入れ庭に大きく開いた大使公邸で催されるパーティーに招かれると、ワイングラスを手に、江戸と現代が対話する東京の山の手ならではの贅沢な空間と時間を堪能できる。赤穂浪士《あこうろうし》の大石主税ら十名が切腹した地でもあり、池の奥にその碑が建立されている。起伏のある独特の地形が、東京の山の手に美しい水の空間を生み出したのだ。

一方、江戸の早い時期に計画的につくられた下級武家地には、程よく小さな敷地が幸いし、今も大きな開発はなく安定した住宅地として受け継がれている所が多い。一方、谷道に発展した町人地の多くは、賑わいのある商店街となっており、その裏手には路地に沿って小さな木造住宅が並ぶ都市組織が見られる。また、東京の山の手の特徴として、丘陵の斜面に、神社や寺が今も緑に包まれた境内とともに存在し、現代東京の雑然とした市街地の奥に、聖なる空間を密やかに保持していることが挙げられる。

†「空間人類学」という考え方

このような山の手を調査しながら私は、イタリアで生まれた、建築を中心にフィジカルな構造ばかりを扱う都市の解読法だけでは、東京の都市の特徴は解けないことを感じていた。ここでは、地上の建物は時代とともに建て替わりながらも、土地の論理、場所の特徴は思った以上に様々な形で受け継がれている。

東京では、地形、植生、湧水ともつながる聖域、水路、道のネットワーク、敷地割りと建物配置などの要素が場所の特徴を生み出し、建築よりも長く存続して、環境や風景をより強く規定するのだ。古い建物が失われれば歴史が消える、と考えるのは、日本の都市においては早過ぎる。都市空間のアイデンティティを生む仕組みには、独特のものがある。八〇年代に注目を集めたトポスやゲニウス・ロキ（地霊）という、近代建築・都市を超えるためのキーワードがこれほど似合う都市も、世界にあまりないのではなかろうか。

こうした思考の中から、私は、イタリアで生まれた建築や都市のハード面の分析から読み解く「建築類型学」に加え、「空間人類学」というソフトな考え方を導入することを思いついた。江戸東京の特質を解く上で、場所の意味を掘り下げる必要を感じつつ、人類学的なアプローチも取り入れたのである。山の手の自然と人工が一体となった不思議な迷宮空間の特性を、実際その中をさまよいながら読み解く作業は実に面白かった。〈自然・都市・人間〉の相互の関係を探るという視点抜きには、日本の都市の歴史的形成のメカニズムも、その結果成り立っている空間の構造の特質も理解できないということになる。これらを空間や場所との結びつきで理解するには、やはり「空間人類学」の発想が役に立った。

以上のような「山の手」研究の成果を、一九八五年に刊行した『東京の空間人類学』（筑摩書房）の第一章〈「山の手」の表層と深層〉にまとめることができた。一方、「下町」の水の都市については、第二章〈「水の都」のコスモロジー〉で論じた。

江戸東京について「水の都市」をテーマに、水と人々の営みが深く結びつく空間や場所の意味を読み解くにも、やはり「空間人類学」のアプローチが有効だった。

当時の私は、「江戸東京では、西欧都市とは異なって、都市のグランドデザインは地形・自然条件に大きく依拠し、七つの丘からなる緑の多い山の手が〈田園都市〉である一方、掘割や河川が網目のように巡る下町は、ヴェネツィアにも似た〈水の都市〉だった」としばしば説明していた。

だが、こうした考え方は、その後多様な経験を積み、様々な思考を重ねていくにつれ、大きく変わっていくことになる。今振り返るならば、その頃の「山の手」の定義や「水の都市」の解釈は、いささか単純な割り切りに過ぎたように思える。東京の各地でフィールド研究を進め、国際的な視点でヴェネツィア、アムステルダム、バンコク、蘇州などの水の都市とも比較してこの都市の特質を観察するにつけ、東京の「水の都市」の空間を、従来のように河川や掘割が巡る下町に限定せずに、豊かな水の生態系を誇る山の手、さらには武蔵野、多摩も含む東京全体に広げて考えるべきだ、と思うに至ったのである(陣内・法政大学陣内研究室二〇一三)。

2 凸凹地形を読みとく

今、なぜ地形に関心が集まるのか?

バブル経済に突入した頃の一九八六年に、赤瀬《あかせ》川原平《がわげんぺい》、藤森照信らが「路上観察学会」を旗揚げした。東京の華やかな開発の陰で、片隅に都市の文脈から切り離され、「トマソン」のように不思議な形でひっそり存在するモノたちに目を向け、ポエティックな表現でその姿をユーモアたっぷりに描くやり方が、当時の人々の心をつかんだ。フランス人の哲学者、チエリー・オケは、「路上観察学会は、その名が示すように、目に見えるものを集めることに努力を注いでいる」とし、それに対し、陣内秀信のチームは、「目に見えるものの下に、目に見えないもの、つまり隠された地誌的構造を感じとらせる」と実に的確に違いを指摘する(オケ二〇二〇)。

藤森自身も、〈空間派の陣内〉に対し、〈物件派の藤森〉と、自らの旗色を鮮明にし、愉快な活動を次々に展開した。藤森の活動は、ポスト・モダンの文化状況における断片化した東京の都市の面白さを評価する風潮と、はからずも軌を一にしていた。

だが、バブル経済がはじけ、落ち着きが生まれ、成熟社会としての時間が経過した今、面白い現象だが、逆に大地の起伏、都市の古層に関心が強まり、有難いことに最近では、我が空間派に追い風の状態が生まれている。「東京スリバチ学会」が脚光を浴び、「ブラタモリ」が人気を集める社会現象がそれを象徴している。和《わ》辻哲郎《つじてつろう》が論じ、オーギュスタン・ベルクがそれを深化・展開させた「風土」について再考するにも、絶好の時期といえる。新たな時代のフェイズがまた巡ってきたと考えられる。

ここで、なぜ、今、東京の地形にこれほどまでに関心が集まるのかを考えてみたい。「タウンウオッチング」や「路上観察」の言葉とともに八〇年代に始まり、今やブームが定着した東京の街歩きだが、近年、特異な動きが目を引く。起伏に富む東京の地形に注目し、その特徴と面白さをマニアックに探求する試みだ。超高層ビルが増え、古い建物や路地が消え去るなか、逆に時間を超越して存続する大地の重要性にこだわり、その凸凹地形が生む摩訶不思議な都市の気配に、東京らしさの神髄を見抜く。抵抗の精神と洒脱さを併せもつ独特の都市論といえよう。加えて、最近の大地震、津波による大災害を契機に、土地の高低差や地盤の堅固さと脆弱さへの関心が高まり、地形や地質が注目されるという背景があるに違いない。

この道を切り開いたのが、タモリと中沢新一という立場の違う二人の論客なのが興味深い。二〇〇四年刊行の『タモリのTOKYO坂道美学入門』（講談社）は、坂道の高低差が大好きなタモリが自ら都内の坂道を写真でとり、勾配や湾曲の具合を確かめ、名前の由来等からトポスを描く街歩きの決定版だ。それが現代東京、さらには日本の都市に隠れた歴史を発見するNHKの人気番組「ブラタモリ」に繋がり、古地図を手に地形を確かめながら歩くブームの火付け役となった。

一方、二〇〇五年刊行の中沢新一『アースダイバー』（講談社）は、宗教、民俗、考古、地質等の学問を駆使し、地形を歩きつつ太古の歴史に誘う。八〇年代後半に「江戸東京学」が登場し、東京の下の江戸を認識させたが、中沢はさらに下に潜り、見え隠れする深奥の層に迫った。縄文海進で水面が奥まで浸入していた頃の地形を示す「縄文地図」を武器に、後に海が後退して陸化した凸凹の低地や斜面にある湧水、神社、墓、池、花街に湿地の猥雑さ、エロスの気配を感じ、聖と俗の無意識世界を描写して東京の風景を一変させた。

†地形をめぐる数々の書籍

同様の発想で、地道に独自の調査を続けていた地形こだわり派の面々が、二人に触発されたかのように続々と面白い本を世に出した。松本泰生《まつもとやすお》はタモリの坂における階段への偏愛ぶりをさらに徹底させ、二〇〇六年刊行の『東京の階段』（日本文芸社）で東京の名階段一二六を取り上げ、「異空間」として階段の美しさと楽しさを存分に語る。一方、二〇〇五年刊行の地図づくりのプロ集団による『地べたで再発見！「東京」の凸凹地図』（技術評論社）は、何万年という長い時間をかけ水の力で地形が形成される仕組みを絵解きした後に、3Dメガネを用いて東京の地形、建物の起伏をリアルに楽しませてくれる。

二〇〇三年に「東京スリバチ学会」なる愉快な名の学会を立ち上げ、ユニークな地形探索を続けてきた皆川典久《みながわのりひさ》は、二〇一二年二月に『東京スリバチ地形散歩』（洋泉社）を刊行し、谷を巡ることで都市砂漠のオアシスを発見する喜びを伝授する。地形を歩き凸凹を楽しむ極めつけの本と言える。こうした微地形を読み込む地形認識の詳細な研究の進展と魅力的な出版物の刊行を後押しするものとして、地図の制作・表現技術の飛躍的な進歩があるに違いない。

もう一つ凸凹地形に欠かせないのは、川の存在だ。近代化の犠牲となって、暗渠《あんきょ》化し、また埋められた中小河川の痕跡を辿るマニアックな探索ツアーも隠れた人気を集める。田原光泰《たはらみつやす》『「春の小川」はなぜ消えたか』（之潮）は、渋谷区内のかつて無数に存在した水路の命運を丹念に追求し、若者で賑わう渋谷の中心部等に、失われた清流の跡を描いて我々の想像力を掻き立てる。

これら著者達の誰もが依拠する貝塚爽平の古典的名著『東京の自然史』（一九六四年）が、近年の地形再評価の動きを受けて、文庫本（講談社学術文庫）で二〇一一年に再登場したのは嬉しい。なお、こうした地形の都市論ブームとは一線を画す、自然地理学・地形学の専門家による学術的な著作として、松田《まつだ》磐余《いわれ》『江戸・東京地形学散歩』及び『対話で学ぶ江戸東京・横浜の地形』（ともに之潮）は見逃せない。

凸凹地形が醸し出す気配は、東京の歴史と深く繋がる文化的アイデンティティそのものだ。それを楽しむ術を教えるこれらの本には、同時に、地形の意味を奪い取る巨大開発への文明批評の意図も込められている。

†都市と地域の古層を探る

地形、そして古層への関心は、実は、江戸東京学の見直しへも繋がる。そのことを考えてみよう。小木新造《おぎしんぞう》が一九八三年に「江戸東京学」を提唱したのをきっかけに、歴史学、民俗学、文学、建築、都市計画、考古学など多くの分野が連携することで、学際的な都市学、地域学として新たな研究領域が切り開かれた。それまで日本では、あらゆる学問が、〈江戸＝近世〉と〈東京＝近代〉を分けて考えてきた。しかし、実際には文明開化によって、都市の姿や人々の暮らしが急に変わるはずがない。そのような考えのもと、江戸から東京への発展を連続性、断絶性の両面を一つのパースペクティブのなかで研究する「江戸東京学」が生まれ（小木ほか一九八七）、東京都江戸東京博物館もその考えのもとで一九九三年に開館した。

それからすでに四半世紀がたち、東京研究も多岐に広がり、多くの成果が生まれている。特に、東京の各地にある歴史博物館、郷土資料館での地道な研究成果の蓄積は重要である。各地での考古学の発掘成果が、都市や地域の建設活動や人々の生活の歴史を詳細かつリアルに物語ってくれる。

東京を理解するには、都市江戸との関係が重要なのは言うまでもないが、さらに扱う時代を広げることも大切だ。家康による城下町建設以前の古代・中世から存在し、今の東京のユニークさの源泉となっている都市／地域の基層に光を当て、その構造を明らかにすることが求められるのだ。地形、地質、水系、その上に形成された古代・中世の街道（古道）、国府、寺社、居館・城、集落・居住地、湊、舟運網などに注目し、世界のなかでも独特の性格をもつ巨大都市東京の成り立ちを多角的な視点から解明することが必要である。縄文時代の住居・集落の遺跡や古墳の存在も多くの示唆を与えてくれる。それとともに、興味の対象エリアも、江戸の市域だった今の東京都心部だけではなく、その西の外側に広がる武蔵野、多摩地域へ、同時に東側では、東京低地へと拡大することになる。

このような時代の求める発想の転換に応えるかのように、近年、雑誌『東京人』が特集で扱うテーマに変化が見られる。少し前まで、この雑誌は、江戸及び近代の明治から現代までの歴史・文化を主に取り上げてきた。だが、近頃は、凸凹地形特集、古道特集、あるいは寺社特集といった中世、さらには古代に遡る企画も続々登場し、好評を博しているのだ。東京の都市／地域らしさを基層にまで掘り下げて知りたいという欲求が高まっていることを物語る。

†凸凹地形と〈水〉

〈水〉をキーワードとし、凸凹地形との関連で都市／地域を解読することも、東京の基層に迫る上で重要なアプローチとなる。「水の都市」という捉え方を下町低地だけに限らず、そのように山の手に、そして武蔵野へも広げたいと思ったきっかけは、幾つかあった。

永井荷風の『日和下駄』（一九一五年）での記述もその一つで、荷風は東京が多様な水の空間をもつ都市だったことをよく見抜いている。品川の海湾、隅田川（大川）や多摩川（六郷川）という大きな川、神田川や音無川《おとなしがわ》のような中小の川、日本橋や深川を流れる掘割、根津の藍染川《あいぞめがわ》や麻布の古川《ふるかわ》のような溝渠《こうきょ》、もしくは下水化した水路、さらに江戸城を取り巻く幾重の濠、そして不忍池などの池、数多く存在した井戸、と手際よく区分し、江戸から東京に受け継がれた水の空間を、地勢やエコシステムと重ねて興味深く論じた。山の手から武蔵野にかけての多彩な水の空間にも目配りがよく利いている。

図6-5　歌川広重「市ヶ谷八幡」（『名所江戸百景』）

また江戸時代の人々の意識と深く結びつく都市の文化要素として〈名所〉がある。そもそも、江戸の〈名所〉といわれる場所の多くが、実は水との深い関係をもつといえる。田中優子は「都市としての江戸」を論ずるなかで、広重の『名所江戸百景』を見ると、一一八番まであるそのうちの八〇パーセントに水が描かれ、そこに運河や川、湖、溜池、海などさまざまな水の空間が登場すると指摘する。具体例としては、日本橋、両国橋、小網町など、下町の典型的な水辺ばかりか、神田川の芭蕉庵《ばしょうあん》に近い関口（堰口）、湯島天神から見た不忍池、外濠に面した市ヶ谷八幡（図6-5）、そして新宿の玉川堤など、地形の変化に富んだ山の手、さらには郊外にさしかかる武蔵野の水と結びついた名所を広重が数多く描いた事実に光を当てる（田中二〇一九）。斎藤月岑《さいとうげつしん》により長谷川雪旦《はせがわせったん》の挿画とともに刊行された『江戸名所図会』（天保年間の一八三〇年代）を見れば、山の手から武蔵野にかけて、自然条件を活かした水がらみの名所がさらに多く取り上げられ描写されているのを確認できる。

『名所江戸百景』にも『江戸名所図会』にも登場する市ヶ谷八幡を例に取り上げ、少し詳しく見てみよう。この神社は、太田道灌が文明一一年(一四七九)、江戸城築城の際に西方の守護神として鎌倉の鶴岡八幡宮の分霊を祀ったのが始まりとされる。もともと市谷御門の内側、すなわち千代田区内にあったが、江戸城の外濠ができたことで現在地に移転した。緑に包まれた山の中腹に鎮座し、前方に外濠の水面を望むという、まさに神社にとって理念型といえる立地を実現している。この神社に参拝するときは、外濠沿いの道に連なる町家の間を奥へと導かれ、男坂あるいは女坂を登って木立に包まれた高台の聖域にアプローチする。こうして階段を結界として俗と聖の空間を切り替える手法は、凸凹地形からなる東京の山の手の各地に今も受け継がれる。高台の境内には茶屋や芝居小屋などが並んで大いに賑わい、一方、外濠の水辺でも多くの茶屋に人々が集まった。外濠の外側だからこそ、こうした自由な雰囲気の空間が成り立ち得た。

†〈山の辺〉と〈水の辺〉

景観研究のパイオニア、樋口忠彦の〈山の辺〉〈水の辺〉論も、おおいに発想を広げてくれた。万葉集、古今集をはじめ代表的な古い和歌集を素材に、そこに登場する地形に関する言葉を分析し、日本人が古来、好んできた地形、自然条件を景観論として考察する。日本に古くか

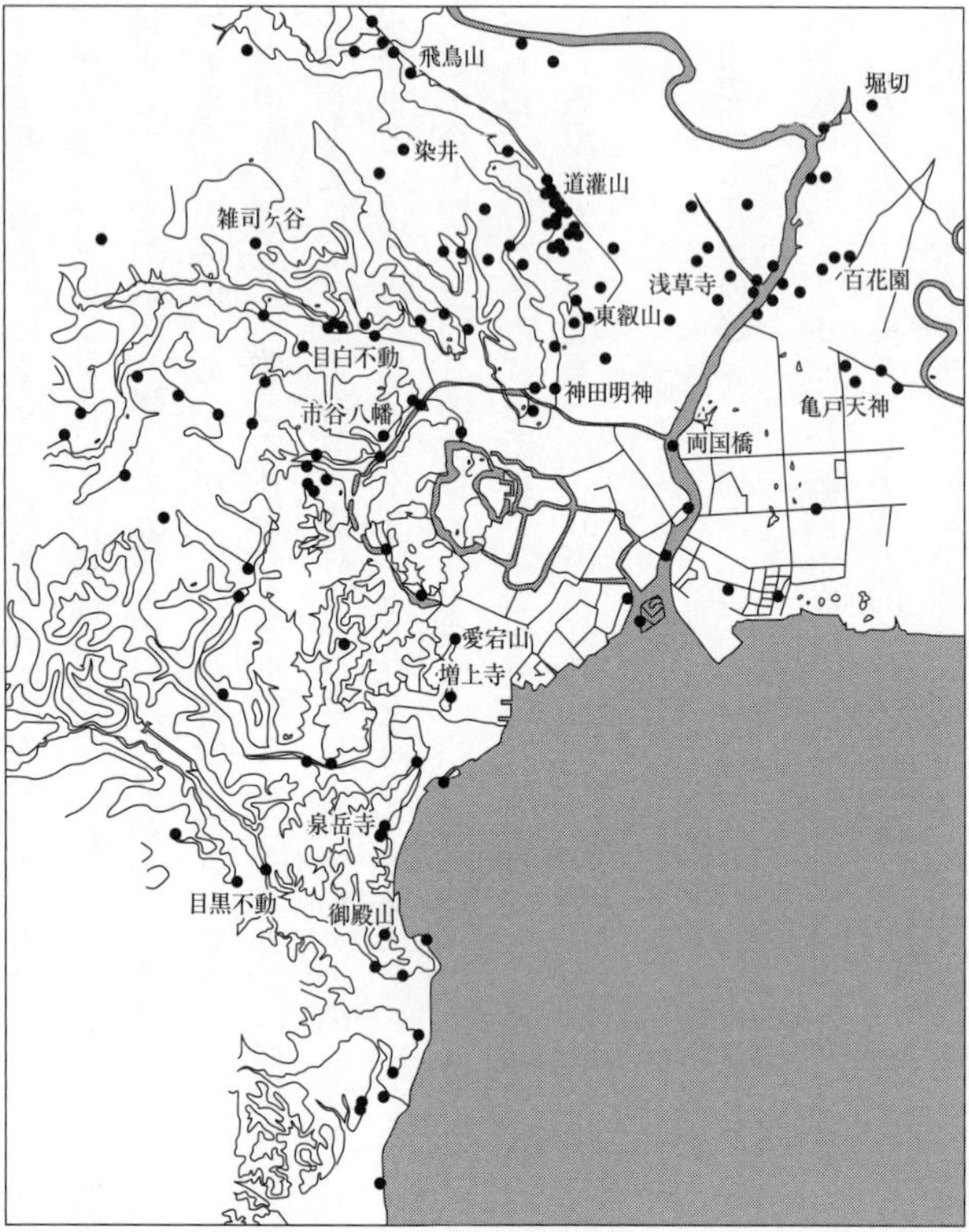

図6-6　江戸名所花暦（文政10年）と東都歳時記（天保9年）の記す四季の名所（樋口 1981）

らある集落は、山や丘陵を背後に負う〈山の辺〉に立地する傾向があり、そこでは、山から流れ出す清い水が手近に得られ、その水の流れは高度な技術がなくてもコントロールできる安全性の高い小河川だった。つまり、手近に水が得られ、水害にも遭いにくい〈山の辺〉の地が日本において最も安定した好ましい棲息地を形成してきたというのだ。

〈山の辺〉に〈水の辺〉が結びついて理想的な場所となる。この論理を応用し、江戸における四季の名所を地図上にプロットしてみると、確かに山の辺と水の辺との凹凸・襞の部分に名所が集中していることが読み取れる（図6-6）。海辺や隅田川の上流域などにも分布するが、むしろ山・丘と谷が交互に入り組む江戸の山の手に数多く名所が見られることが興味深い。

谷《やつ》、谷地《やち》、谷戸《やと》といった言葉が古くから使われてきたという（これらの言葉については田中二〇〇五が詳しい）。そして台地と台地の谷をのぼりつめた奥に、王子、飛鳥山、目黒不動のような豊かな自然と結びついた名所が数多く生まれた。そこでは渓谷、湧水が生む小河川、滝など、〈水の辺〉が必ずセットになっている。一方、武蔵野台地の丘陵の突端に位置する名所からは、眼下に壮大なパノラマが開け、市街地の向こうに東京湾の大海原が遠望できた。水景の重要性がここでも見てとれる。江戸東京特有の場所性を継承するには、名所を支えてきた山の辺・水の辺を一体化し、重点的に保護・保全することが重要になる（樋口一九八一）。

†高低差から見えてくるもの

こうした発想に立ち、実際に今の東京の都市空間を相手に、地図をもち、徹底的に歩いて観察しながら分析するのが、先ほども述べた皆川典久が率いる「東京スリバチ学会」のユニークな活動だ。彼らは開発がどんどん進み、高層ビルが建ち並ぶ現代の東京のなかに潜む凸凹地形が生み出す面白い空間現象を、フィールドワークを通じて詳細に調べ、描き出す。

「谷」をはじめ、「窪（久保）」「沢」「池」などが地名に含まれていれば、そこは盆地や谷地形であることが多い。こうした谷の存在を示唆するような地名を「スリバチコード」と呼ぶ。そして地図に刻印された谷を実際に歩き、感じ、その構造を理解し、意味を解読するという作業を重ねる。ここでは、私の『東京の空間人類学』にいささか欠けていた谷や窪地での水の存在に光が当てられる。地形的な魅力には、谷を刻んだ川や川の痕跡（暗渠）、今でも清水が湧くパワースポット、あるいは湧水を湛えた池などが挙げられる。水辺があるだけで風景の魅力は増し、心が和む。東京の魅力は〈谷〉にある、というのだ（皆川二〇一二）。

高低差を楽しむエンターテイメントとしてのスリバチ学会の示す膨大な研究成果は、樋口がかつて提起した〈山の辺〉と〈水の辺〉とも相通ずるものであり、山の手や武蔵野にも「水の都市」の概念を広げて考え始めた私の発想を、大いに後押ししてくれた。

〈山の辺〉で安心感があり、水も得られる山の手の谷、あるいは谷戸の空間には、おそらく中世から人々が居住し、水田を耕作する営みがあったに違いない。

裏手の山の斜面には神社が祀られた。中世に遡る寺院も数多く山の手の斜面には存在する。こうした原風景の上に江戸の市街化が起こり、谷道の居住地は町人地に発展したのだろう。今もなお、その谷筋の低地には、庶民の世界が比較的よく受け継がれている。

一方、台地の上の方には、雑木林を切り開き、大名屋敷が広がった。凸凹地形や湧水・小川、植栽などの自然条件に合わせ、素朴な形で存在していた中世の農村的な原風景の上に、江戸の城下町を形づくる武家中心の山の手の論理が確立したと考えられる。

†地形と結びついた山の手の花街

地形と道路の関係を考察するなかで、すでに見た甲州街道の北側の窪地に潜む四谷荒木町は、私の好きな場所の一つで、来日する外国からの友人をよく案内する。ダイナミックな凸凹地形が生んだ、外国の都市にはない三次元迷宮空間の面白さがあり、ここが「東京スリバチ学会」の聖地になるのもうなずける。四周を段丘で囲まれたその底に立つと、まさにスリバチそのものの形を体感できるのである。

この一帯には、江戸時代、美濃国高須藩主松平摂津守の上屋敷があり、湧水が四メートルほ

図6-7　四谷荒木町「津の守弁財天」

どの滝になって流れ落ち、その水がダムによって堰止められ、人工池が造られたという。このスリバチ地形が生む崖下の湧水池の岬には「津の守弁財天」が祀られた（図6-7）。そして明治に上地された後、「水の辺」の情緒に誘われ、滝の注ぐ池の周囲に茶屋や芝居小屋ができ、その後、花街としての発展を見たのである（皆川二〇一二）。今は往時の華やかさはないが、花柳界の面影を残す建物もまだちらほら残り、都会のなかの不思議な窪地に独特の雰囲気を留めている。規模が縮小されたとはいえ、池の弁財天が健在なのも嬉しい。

他にも、スリバチ地形が生む聖なる水と繋がった花街を見てみよう。渋谷の奥座敷、円山町の花街の核ともいえる弘法湯《こうぼうゆ》付近は、神泉谷《しんせんだに》の最も奥まったところにあり、三方を囲まれた閉鎖的な地形をもつ〈山の辺〉としての地形条件を示す場所だった。この花街はまさにこの谷間から生まれた。近世には、この付近に火葬場があり「神泉隠亡《おんぼ》谷《だに》」と称される不浄な領域だった。同時に「神泉」の名が示すように、霊水と称される湧水があったと伝えられ、聖なる水の存在が大きかった。明治中頃から弘法湯を中心に形成され始めた花街は、日露戦争後の一九〇五年（明治三八）には世田谷に陸軍部隊もできていっそう繁栄し、一九一三年（大正二）には神泉谷の隣の荒木山が三業地に指定され花街が完成したという歴史をもつ（岡本・北川一九八九）。

熊野神社を祀る新宿十二社《じゅうにそう》の池のまわりに、江戸時代の名所を受け継ぎ栄えた花街もまた、丘の斜面と池の大きな水面の組み合わせが生む前近代的なトポスをもつ場所だった。麻布十番の花街も古川の水の流れの近くに生まれ、繁栄した。四谷荒木町、麻布十番をはじめ、明治から昭和にかけて人気を集めた山の手の幾つかの花街は、鉄道の駅から離れた場所にあり、市電の発達がその繁栄の背景にあったといえそうだ。後の時代の鉄道のターミナル駅の周辺に発展した巨大盛り場とは異なり、形成における独自の場の論理をもっていたのである。

山手線の外側の例の花街として、中野新橋も見ておこう。地下鉄中野新橋駅の北に、神田川が東西に流れ、その北側に南下りのいい斜面が広がる。その斜面を登ると、川の流れのある南を望んで、中世の創建と思われる福寿院《ふくじゅいん》と氷川《ひかわ》神社がある。この川と聖域の間に花街が形成され、昭和三〇年代には、川沿いに八軒ほどの料亭ができていたことが当時の地図で確かめられる。

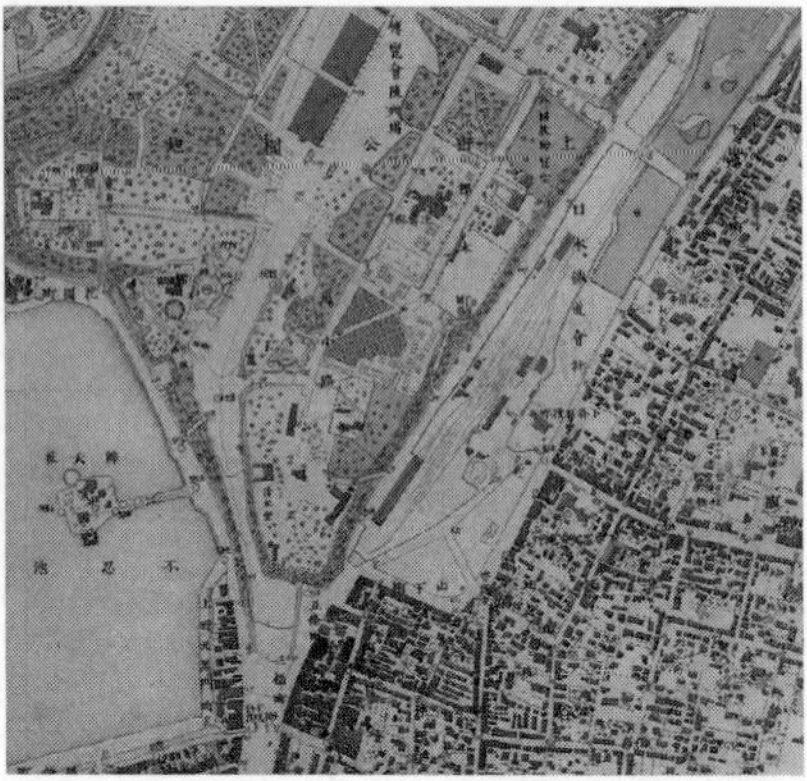

図6-8　上野と不忍池（「参謀本部陸軍部測量局5000分1東京図」1884年）

都心の聖なる池の存在価値

東京の凸凹地形を語るのに、池の存在は大きい。大都市・東京のなかでも、最も中心に近く、しかも規模も大きい不忍池の存在は、国際的に見ても圧巻といえよう（図6−8）。この池は、上野の山と常にセットとして語られ、樋口流の〈山の辺〉と〈水の辺〉の組み合わせを最も象徴する場所になっている。江戸時代の初期には、市街地の北東の縁にあった上野の山と池は、その後の都市の拡大とともに都市の中心部に組み込まれた。結果的に東京は、豊かな緑と水を誇るダイナミックな景観を都心にもつという贅沢な条件を得たのだ。

上野台地は、江戸が都市として発展する以前から、森に包まれた聖なる空間、すなわち霊域としての性格をもっていたと思われる。上野の杜の公園のなかにかつて古墳がいくつも存在し（現在は摺鉢山《すりばちやま》古墳が残る（図6−9））、また上野台地の少し奥まった谷中周辺には、中世に感

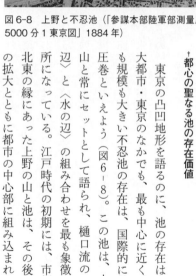

応寺（天王寺）、善光寺がすでに成立していたことからもそれがわかる。その西の低地には原始時代、入海が奥へ広がっていたが、時間の経過とともに土砂が堆積して洲ができ、少しずつ埋まって沼になり、やがてさらに縮小して中世の半ば頃、不忍池が生まれたとされる。

図6-9　摺鉢山古墳

　こうしたプレ江戸期からの聖域の性格が、寛永二年（一六二五）に幕府の祈禱寺として寛永寺が建立されたことによって、著しく高められた。将軍家への発言力をもつ天海僧正《てんかいそうじょう》の請願にもとづき、江戸城の鬼門の方角にあたる上野の地に鎮護の役割として、この寺院がつくられたとされる。その造営にあたり、東叡山寛永寺は東国の比叡山延暦寺に見立てられ、不忍池は琵琶湖になぞらえられた。琵琶湖には竹生島《ちくぶじま》が浮かび、弁財天が祀られている。そこで不忍池にも中島を築き、弁財天が祀られた。古い伝統的な都である京都の空間をモデルとし、新興都市としてつくられる江戸を権威づけようと考えたのである（鈴木二〇一八）。

　丘の上には寛永寺の伽藍《がらん》配置が計画され、山下の黒門から軸線が北へ向かって伸び、門前→参道→境内→墓地という奥性を感じさせる寺院の空間構成が、幕府の権威を背後にもつ聖域としての厳かな雰囲気を生み出した。

一方、山下の上野広小路や不忍池周辺の水の辺には、民衆の華やかな俗性を帯びた遊興空間が展開していた。特に上野広小路は、両国や江戸橋の広小路と同様、見世物小屋や水茶屋が並ぶ江戸でも有数の盛り場になった。江戸時代中期には、池の中に土手が造られ、料理屋や水茶屋（湯茶を出し往来の人を休息させる店）、楊弓場《ようきゅうば》、講釈場などが数多く建てられ、水辺の盛り場として賑わった。男女の逢引に利用される出合茶屋が登場し、風紀が乱れ取締で撤去されることもあった。

†明治以降の変化

文明開化以後の上野の山の上と水の辺の変化も興味深い。欧風の都市建設を目指す明治政府は一八七三年（明治六）太政官布達によって、上野を東京の他の四ヶ所とともに公園として制定した。寛永寺境内地が開放され、その後、数々の国家的行事が開催される重要な舞台となり、次第に文化的施設も整備されて、「文化の杜」上野公園の基礎は形成されていった。これほどに機能、役割のドラスティックな転換がなされた背景には、江戸幕府支配の象徴であり、旧幕府勢力が薩長を中心とする新政府軍に反抗した上野戦争の舞台となった上野の場所の意味を剥

図 6-10　方円舎清親「内国勧業博覧会之図」（1877）（国立国会図書館蔵）

図 6-11　東京大正博覧会第二会場夜景（台東区立中央図書館蔵）

ぎ取る政治的意図があったとも考えられる。

欧化政策の一貫としての内国勧業博覧会が、一八七七年（明治一〇）の第一回を皮切りに三回行われたが、その会場は常に上野の山の上だった（図6-10）。ところが、京都、大阪で博覧会が行われた後再び東京に戻って一九〇七年（明治四〇）に実施された東京勧業博覧会では、不忍池のまわりに第二会場が初めて設置され、これが大成功を収めた。以後、昭和三年の大礼記念国産振興博に至るまで、計七回の博覧会が上野で行われ、第二会場は特に人気を集めた。池畔の水辺にはウォーターシュートが登場し、目新しいルミネーションの祝祭的な華やかさが人々の心をとらえたのである（図6-11）。それに先立ち、一八八四年（明治一七）には、池の周辺で競馬も開催されていた。このように不忍池の水辺空間は、文明開化の先端的活動にとって実験の舞台でもあったのだ。

私の世代にとってこの池畔は、一九七〇年代、唐十郎《からじゅうろう》のテント芝居が行われる自由空間としての意味をもっていた。アジールの雰囲気が感じられた場所である。役者が池の水に入るシーンもあったように記憶する。バブルの時代には、この池の下に駐車場が計画されたことがあったが、幸い反対運動が功を奏し、取りやめになった。ただ現在においても、せっかくの歴史と自然の資産があまり有効に活かされていないと言わざるを得ない。不忍池のルネサンスが求められる。

第 7 章

杉並・成宗——原風景を探る

善福寺川とそれに沿う緑地公園

1 武蔵野から古代・中世を知る

†東京が激変するなかで

私の著書『東京の空間人類学』が一九八五年に刊行されてから、早くも三五年の歳月が経過した。その間に私自身、様々な経験を積み、発想を多方面に大きく広げることもできた。それを反映し、本書が扱う〈時間〉と〈空間〉は、ずっと大きく広がっている。

前著では、もっぱら東京の下敷きとしての江戸の都市構造の特質を読み解くという目的が強く、近世と近代の昭和初期までが主な時間の広がりだった。一方、空間の広がりとしての対象エリアは、自ずと江戸の市域にあたる今の東京都心部にほぼ限定されていた。それに対し本書では、天下の総城下町、江戸の成立以前にも光を当て、今の広い範囲での東京の基層構造を形づくった時代と言える中世、古代にも関心を広げている。それに従い、対象エリアは都心部から江戸の元の近郊農村だった武蔵野、そして多摩地区にも大きな広がりを見せ、海の手である東京ベイエリアをも射程に入れている。

そもそも振り返ると、前章でも述べたように一九八〇年代前半、小木新造が「江戸東京学」

を提唱し、歴史学の竹内誠、民俗学の宮田登《みやたのぼる》、比較文化の芳賀徹《はがとおる》、文学の前田愛をはじめ、多くの分野の学者が集まり、学際的な研究交流が生まれた。従来、どの学問分野においても、前近代の江戸と近代の東京を切り離して研究する傾向が強かったのに対し、都市を舞台としたその歴史を連続性と断絶の両面から、一つの同じパースペクティブのもとで見ようというこの「江戸東京学」は、新しい魅力的な試みだった。私自身の研究スタンスまさにその発想に立っており、建築史の立場からこの共同研究に参加して多くの刺激を受け、『東京の空間人類学』もこうした環境のなかで構想することができた。

だが、まさにそれが刊行された一九八五年頃から、日本経済がバブルの時代に突入し、東京の各地で大規模開発が進み、地道なフィールド調査を行うことが難しくなった。古い町家や路地裏の長屋、あるいは昭和初期の看板建築などが受け継がれるエリアを歩いていると、いわゆる地上げをビジネスとする人達の姿をよく見かけるようになり、疑心暗鬼の住民を前に、調査どころではなくなってしまったのだ。あるいは、自分たちが発見した歴史的な価値が、不動産広告のキャッチコピーで使われるという現象も生まれ、研究が消費されるのではという危機感も正直、覚えた。

そこで私も自分自身の原点であるイタリア研究に戻り、しばらくは、地中海のイスラーム世界（トルコ、モロッコ、シリア、チュニジア）、イスラームの影響を受けたスペインのアンダルシア、そして歴史が重層する南イタリア各地（サルデーニャ、シチリア、プーリア、アマルフィ海岸）の都市のフィールド研究に力を注いだ。時間をかけてつくられた地中海都市の基層構造をより深く理解したいと考えたのだ（陣内・高村二〇一九）。一方で、江戸東京の「水の都市」の研究の経験を逆にヴェネツィアに持ち込み、新たな視点からこの水都の特徴を描く仕事に取り組んだ。

その後、バブル経済もはじけ、落ち着きを取り戻した一九九〇年代後半に東京研究に戻り、次に取り組むテーマとして私が選んだのは、江戸の市域だった東京中心部ではなく、その少し外側に広がる渋谷区、杉並区、世田谷区など、かつて江戸の近郊農村だった武蔵野と呼ばれるエリアの研究である。

†郊外の記憶を掘り起こす

山手線のほぼ内側にあたる都心エリアには、都市江戸の痕跡が至る所にあり、少し歩けばその気配が感じ取れる。一九八〇年代中頃の江戸東京ブーム以降、今の東京都心の下に江戸が見え隠れする面白さについては、多くの人が感じとれるようになっていた。しかし、その外側に広がるかつての江戸の近郊農村だった所については、地域固有の重要な歴史的文脈や文化的アイデンティティといったものは存在しないだろう、と思われていた。ところが実際は、大きく違っていたのである。

東京の拡大発展とともに、山手線の内側に住む人は限られ、多くの東京人はその外側に居住していた。ほどほどに便利で、緑も多く、住みやすい、といった感じで暮らしてきたのだろう。都市は空気のような存在で、なければ生きていけないが、その有難みを普段意識することはない。そのような環境として、東京の郊外住宅地（＝元の江戸の近郊農村）は存在してきた。

私が二歳の時から育った杉並区の成宗《なりむね》（現成田東。最寄り駅は阿佐ヶ谷）のまわりも、そんな郊外地区の典型の一つであった。こうした何の変哲もないと思われがちな東京の郊外をもっと面白く、豊かに、そして人々が地元を誇れるようにする方法はないだろうか。郊外住宅地として発展した近代だけを見たのでは、その見方は単純で研究に厚みが生まれない。機能性、効率、経済性にもとづく経済原理ばかりが目立ってしまう。場所のドラマの発見、記憶の層の掘り起こしにチャレンジしたい。そう私は考えた。

†〈原風景〉のもつ力

こうした発想に立ち、武蔵野らしさをとどめていた子供の頃の〈原風景〉を思い起こしながら、古い地図を頼りにこの周辺の成り立ちを考察すると、期待通り、面白い特徴として、丘と斜面、低地、川からなる地形のメリハリが利いた地域の風景が浮かび上がる。高台の住宅地から斜面に立地する神社の脇の坂を下ると、低地には水田が広がっていた。

実際、高度成長期に入る前のこの地域には、まだ武蔵野の面影がたくさん残り、地形はくっきりと認識でき、川と丘の存在は大きく、古い集落、寺社の場所も特徴を物語っていた。原っぱ、藪、溜池など、子供たちの格好の遊び場も地形や植生と一体となって分布していた、自分の原風景であるそれらの要素すべてが、近郊地域にとっての場所のアイデンティティを描き出すのに、重要な手掛かりとなったのだ(陣内一九八五)。

さらに、少し視野を広げ、情報を集めて観察してみると、善福寺《ぜんぷくじ》川《がわ》、神田川などの河川沿いのちょっと高い場所が縄文・古墳時代の人の住む空間軸で、古代から中世にかけても、おもには崖の縁の湧水のある場所に神社が誕生し、それらの地点を結ぶように南北の鎌倉街道が通っているという地域の隠れた構造が浮かび上がった。

このような見方を持ち込むと、あまり特徴がないように思えた武蔵野の近郊住宅地にも、江戸の都市を読む以上に面白い空間のコンテクストが浮かび上がる。「郊外の地域学」と命名し、私は法政大学の学生達とそんなフィールド調査を武蔵野から多摩地域にかけて一九九〇年代終盤に数年をかけて行い、色々な発見を楽しむことができた。

実は、〈原風景〉という言葉の生みの親、文芸評論家の奥野《おくの》健男《たけお》氏と、その晩年に親しくさせていただき、恵比寿の高台にあるご自宅のまわりをご一緒に歩くという貴重な体験をしたことがある。恵比寿駅から中目黒方面に歩き繁華な通りを抜け、丘の上に旧道の坂を登ると、由緒のありそうな祠《ほこら》があり、その少し上にランドマークの欅《けやき》の大木が聳える。近代の発展で建物はほとんど建て替わっているが、なんとなく武蔵野の風景の面影が感じられた。その高台の原っぱで遊んだ子供の頃の体験が、奥野の名文句〈原風景〉を生んだのだろうと推測できた。

†サルデーニャ調査からの示唆

かつての江戸の近郊農村をルーツとする現在の郊外住宅地のなかに潜む基層構造を探り出すという、新たな難しい課題に取り組むのに、方法論上のヒントを与えてくれたのは、実はイタリアの聖なる島、サルデーニャでの陣内研究室による調査の体験だった（一九九三〜九五年）。高度な巨石文化を築いたヌラーゲ時代（前一五〇〇年〜前三〇〇年）、人々は泉の湧く条件のよい場所に神殿、集落をつくり、それらはしばしば、後の時代に地域の聖域として受け継がれ、今も重要な場所となっている。修士論文でサルデーニャを研究した柳瀬有志とともに、この島の研究成果を書籍として刊行した（陣内・柳瀬二〇〇四）。そこでのキーワードは〈湧水〉〈聖域〉〈遺跡〉〈古道〉。大地に刻印され、受け継がれたこれらの永続性をもつ要素に注目すると、古代の記憶に生きるサルデーニャの特質が浮かび上がる。

その経験が有難いことに、武蔵野に象徴される東京の郊外を新鮮な目で見る方法を見出すことを可能にしてくれた。地上の風景がどんどん変化する東京で、逆に変わらぬ大地の古層に着目し、川、崖線、古道、湧水、遺跡、寺社などに目を向けると、埋もれ眠っていた本来の構造が驚くほど明快に姿を現すのである。サルデーニャ経験を活かし、また、自然に恵まれた郊外で育った私の原風景から導かれる仮説と照らし合わせながら、ゼミの学生達と自転車で回って徹底的にフィールドワークを重ね、郊外地域の深層に色濃く受け継がれた歴史の骨格を読み解くことができた。その成果を一九九九年に報告書の形で刊行した（法政大学陣内研究室・東京のまち研究会一九九九）。

東京の郊外をこうした発想で観察すると、中世、古代の古い構造に目が行く。逆に、山手線の内側の、江戸時代にすでに都市だったエリアは近世の原理で覆われてしまったため、それ以前のプリミティブな古層は隠されていて、時に顔を出す程度である。郊外を研究対象にする場合、幸いこれらの地域が前近代ののどかな田園の状態から、近代の住宅地や市街地に変化する全プロセスが、測量に基づき正確に作成された地図の比較によって、詳しくリアルにわかるというメリットがある。日本の田園が市街地に転じるヴァナキュラーな次元での癖、傾向、原理、メカニズムがよく読み取れるのである。

本章では、こうした郊外の風景が含んでいる前近代の様相について、私が生まれ育った成宗とその周辺の地区を通して見ていく。実際に歩くようにして詳しく見ていくことにより、その場所の古層に豊かなドラマがあると知ることができるだろう。それでは、早速出発しよう。

2　阿佐ヶ谷周辺を南北に歩く

†川と古道

日頃、中央線をはじめ、西武新宿線、井の頭線、京王線といった鉄道を使い、それでもって空間軸をイメージすることに慣れた我々は忘れがちだが、杉並という土地の本質を知ろうと思えば、まずは〈川〉の重要性に目を向ける必要がある。北から、妙正寺川《みょうしょうじがわ》、桃園川《ももぞのがわ》（今は暗渠）、善福寺川、神田川と、四つの川がいずれも西から東に流れ、流域コミュニティを形成した。飲料水が得られ、魚、鳥、動物が収穫できる水辺のやや高台には縄文、弥生時代の集落がつくられ、その後も条件のよい場所性を受け継ぎ、古墳、そして古い寺社などの聖域がつくられた（図7－1）。水の湧く場所は特に重要だった。

次に、それにやや遅れ、あるいは並行して、古代・中世の微高地を通る古道がいくつも形成された。鎌倉街道（あるいは鎌倉古道）を含む南北に走る幾筋かの道は、その典型である。その次に登場するのが、江戸幕府によって整備された、尾根筋をたどりながら放射状に西に伸び

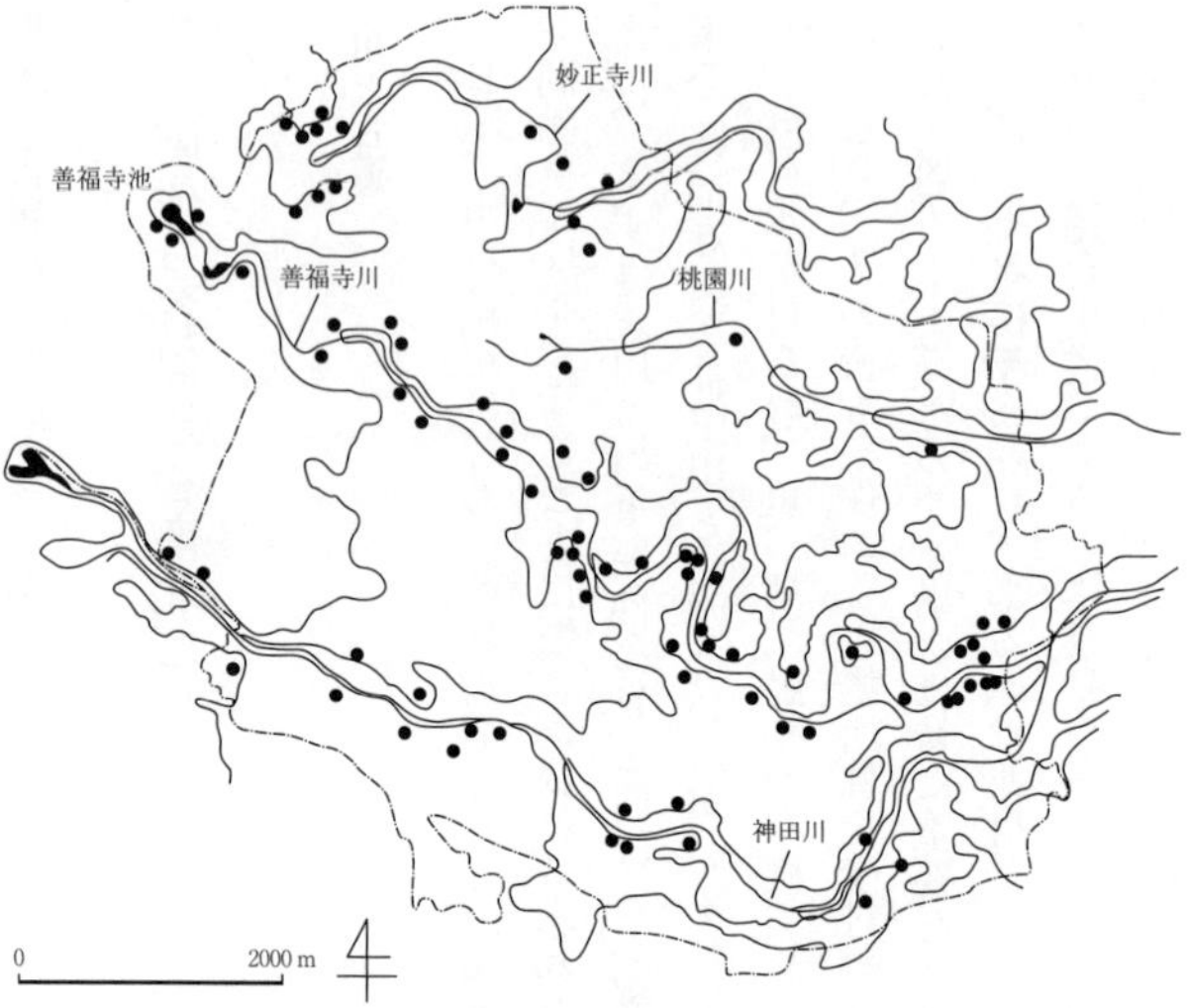

図 7-1　縄文時代中期遺跡の分布
（『新修杉並区史上巻』杉並区役所、1982 年をもとに作成）

る近世の街道であり、それに面して集落が緩やかに形成された。そして最後に来るのが、近代の鉄道である。ちなみに中央線（甲武鉄道）は一八八九年（明治二二）に、武蔵野台地を人為的にまっすぐ東西に通され、阿佐ヶ谷あたりでは地名が示す通り、谷状の低地を通ることになった。

　こうした発想に立って観察すると、阿佐ヶ谷《あさがや》周辺に、古道の重要な道筋がくっきりと姿を現わす（図7－2点線部）。南の善福寺川沿いの高台に登場した「大宮八幡宮《おおみやはちまんぐう》」、阿佐ヶ谷駅の少し北の桃園川沿いの微高地にできた「阿佐ヶ谷神明宮《あさがやしんめいぐう》」、そして北に移動し中野区白鷺《しらさぎ》に入り、妙

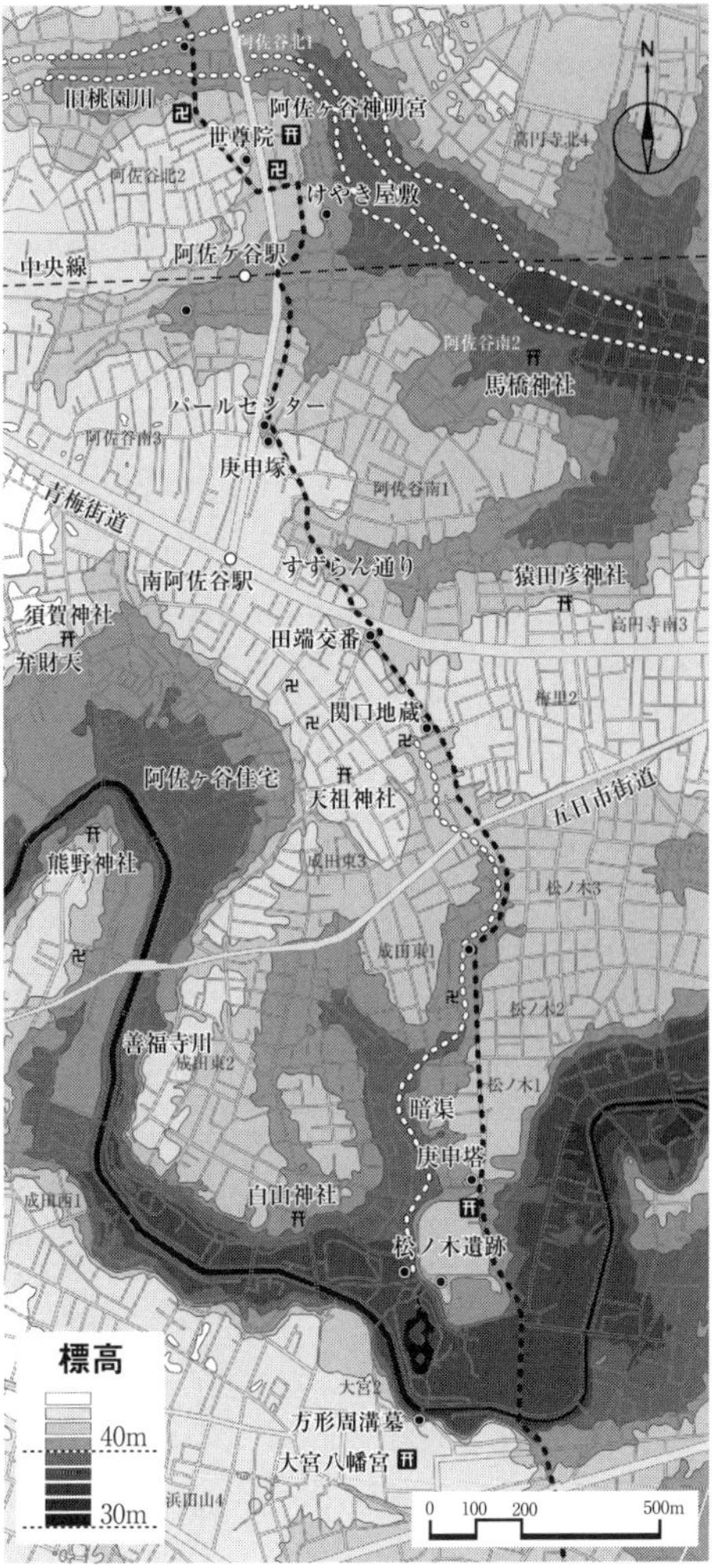

図 7-2　阿佐ヶ谷周辺と古道
（深澤晃平・杉浦貴美子作成）

正寺川の手前の高台に鎮座する「鷺宮《さぎのみや》八幡神社」という、いずれも一一、一二世紀に創建された重要な三つの神社が、いかにも古そうな一本の道で南北に結ばれているのだ。いずれも高台の神域の北の裏手に川が流れる構成をとる。そもそも鎌倉古道（街道）の名はあちこちで登場するが、この古道に関しても、松の木の祠、及び鷺宮八幡神社の案内板に、鎌倉道、鎌倉街道を往来する人々を守ってきた、とそれぞれ書かれている。鎌倉街道のルートについては諸説あるので真相の究明は簡単でないとしても、この古道はそう呼びたくなる南北を明快に結ぶ広域の軸線だ。

では、ここからは実際にこの古道を歩くようにして、この土地について詳しく見ていこう。

†大宮八幡宮へ

まず、善福寺川の南の高台に鎮座する、杉並が誇る「大宮八幡宮」を訪ねよう。大きな森に包まれた境内の荘厳な雰囲気が迎えてくれる。康平六年（一〇六三）、白旗が翻るように白雲が棚引くのを見た源頼義《みなもとのよりよし》が吉兆の印と喜び、その下に石清水八幡宮《いわしみずはちまんぐう》の御霊を移し奉ったことが起源とされる。神域の広大さから、「多摩の大宮」とも称される。今も、参道の脇には水が湧き、近隣からペットボトルを手に水を汲みにくる人も多い（図7-3）。かつては真清水《ましみず》が渾々と湧いていたが、周辺の宅地化で水脈が細り、現在はポンプで汲み上げているという。

この神域には、さらに古い聖なる層が存在する点が注目される。境内の川に近い高台から、昭和四四年に行われた発掘調査で、弥生時代末期とされる都内初の方形周溝墓《ほうけいしゅうこうぼ》三基が近接して発見された。そのことから、大宮八幡宮が鎮座する以前から、この地が埋葬儀礼のための「聖地」とされてきたと推測される。杉並区では古道が幾つも知られているが、その多くが大宮八幡宮に繋がっている。しかも、古道沿いには古代の遺跡が多く見つかっており、地域スケールで見ても、大宮八幡宮は古代からの聖地としての場所性を受け継ぐ形で登場したと思われる。

今の大宮八幡宮へのアプローチの参道は、まっすぐ東から取られ、神社正面も東を向く。つまり、東京の都心に向いていることになる。一般的な神社の配置の論理からすると、この土地にこの配置は不自然だと常々思っていたが、江戸時代に将軍の江戸城の方角に参道の付け替えが行われたと伝えられる、という話を神社の宮司から聞く機会があり、納得した。その可能性はおおいにありそうだ。

図 7-3　大宮八幡宮の湧水を汲む男性

善福寺川の南の台地上が埋葬の聖地だったのに対し、川を渡った対岸の北側の台地は、住むのに格好の南下りの水辺の地であり、古くから人々の

図 7-4　松ノ木遺跡の復元された竪穴式住居

居住地であり続けた。ここに杉並区内最大級の遺跡「松ノ木遺跡」が存在する。石器時代から縄文・弥生時代を経て古墳時代に至る複合遺跡であり、一五〇基以上の住居址が台地の上を埋め尽くしていたという。現在も雑木林に囲まれる松ノ木中学校南側のグラウンドの一角に、その遺構の一部が残されている（図7－4）。遺跡の説明板には、「台地南側下に広がる湿地帯や、善福寺川に集まる動物・魚などをとり、周辺の林で木の実を採集しながら生活していたものと思われます」とある。善福寺川を挟んで水辺に成立した南側の〈聖＝非日常〉と北側の〈俗＝日常〉の空間の対比とその組み合わせが興味深い。

†古道と街道

この古道を北に向かって歩くと、小さな辻に、綱吉の時代、貞享二年（一六八五）につくられたという庚申塔《こうしんとう》がある。「三百年を越える月日、阿佐ヶ谷から永福町に至るこの鎌倉道を行き交う人々を見守ってきた」と書かれている（二〇〇五年作成の案内板）。

少し北に行ったあたりで、気配を感じ、微高地を通る古道をはずれ、西側裏手に狭い道を少し下ると、小さな水路跡の暗渠の道筋に出る。周囲の敷地の段差もともなう独特の迷宮空間だ。再び古道に戻って進むと、近世に整備された「五日《いつか》市《いち》街道」にぶつかるが、道筋はそのまま自然体でやや斜めに突っ切って進む。どう見ても、こちらの方が古くから存在してきたのは明らかだ（ちなみに五日市街道は、徳川家康の江戸入府後、五日市や檜原《ひのはら》から木材、炭などを運ぶために整備されたと伝えられる）。古道は、細かな土地の起伏に合わせて絶妙なカーブを描き、味のある風景を生む。東京では、建物が変化しても、古道を軸とする都市構造は基底にしぶとく生き続け、地域らしさを醸し出しているのだ（荻窪二〇一〇）。

図7-5　関口のお地蔵様を守る堤登志男さん、紀子さん、栗田キエ子さん

しばらく進むと、小さな交差点の一角に、「関口のお地蔵様」の祠がある。江戸時代からのこのあたりの地主、堤家が代々この祠を守ってきたという。運良く出会ったボランティアで献花、清掃を務める婦人が、早速、近くの堤家のご夫妻を呼んで下さり、三〇〇年近く前に、関口という名のこの土地の母親たちが稗《ひえ》や粟《あわ》を堤家に持ち寄り、換金して備え、子どもたちの

成長の守り本尊として建立した、という素敵な話を伺えた（図7－5）。今も年三回、慶安寺の住職を招いて供養が行われるという。その数ヶ月後に、近くに住む私もその儀式に招かれた。

昭和初期と思える瀟洒な和風邸宅の前を過ぎ、少し北上すると、「青梅《おうめ》街道」に出る。東京オリンピック直前の一九六二年に丸の内線が荻窪駅まで開通する以前は、ここに都電が走っていた。その手前角、中世の古道と江戸の街道の交差点の一角に、古くから「田端交番」（現東田町交番）がある。交番も、地域の古い層をあぶり出すのに貢献する。

†バザールのような商店街

青梅街道を渡った地点から、阿佐ケ谷駅まで、この古道の道筋の上に途切れることなく賑やかな商店街が続く。手前が「すずらん通り」、その先、駅まで延々と伸びるのが「パールセンター」（図7－6）。いずれも、いい感じで弧を描く。個人経営の古くからの店が減り、チェーンの店舗に置き換わりつつあるとはいえ、何でも揃っていて活気がある。パールセンターには、イスラーム都市のバザールを思わす立派なアーケードが架かる。それが曲線美を見せるところに意外性がある。

その中程に、鰻屋の老舗「稲毛屋」がある。東西方向のやはり古そうな道と交わる辻に、地蔵と庚申塚《こうしんづか》が祀られている。建物が建て替えられても祠はより立派になり、いつも供え物が絶えず、その前で手を合わす人々の姿をよく見かける。この商店街の一体感と底力は、戦後すぐ始まり、益々盛大になっている有名な「阿佐谷七夕まつり」によく現れている。

戦時中、阿佐ケ谷駅前から南にかけて建物疎開が行われ、それが元になり、戦後、駅前広場、そして南へ青梅街道までまっすぐ伸びる街路ができた。かつて「改正道路」と呼ばれたこの街路は、後に「中杉通り」と改称され、見事な欅並木を誇る。それができたおかげで、パールセンターには車が入らない構造が生まれた。こうして我々住民は、おそらく鎌倉古道を受け継ぐ、ユニークで居心地のよい歩行者専用の商店街を楽しむことができるのだ。

図7-6　阿佐谷パールセンター

この古道と甲武鉄道が交わる地点に、一九二二年（大正一一）、阿佐ケ谷駅ができた。震災後の昭和初期には、焼け出された下町の商人たちもたくさん集まり、駅前にこの古道に沿った商店街が発達した。その意味で、中央線の阿佐ケ谷駅と駅前商店街は、地域全体の発展の歴史の中では、近代の新参者とはいえ、すでに一世紀の歴史を重ねる存在になっている。

†阿佐ケ谷駅北の原風景

この古道は、阿佐ケ谷駅北口を過ぎると、やや東側（高円寺側）へ寄って北上する。その右手に駅の近くとは思えぬ鬱蒼《うつそう》とした雑木林が姿を見せる。近世の農村の頃からの大地主の相澤家の邸宅で、「けやき屋敷」として地元の人達から親しまれてきた（図7-7）。古道を挟んだ反対側には、古い歴史を誇る「杉並第一小学校」がある。一八八四年（明治一七）に、馬橋《まばし》の寺院のなかに置かれていたその前身の小学校がここに移ってきたという。

古道は、阿佐ヶ谷一帯が農村集落だった頃の鎮守社「阿佐ヶ谷神明宮」の参道にまっすぐ導く。谷の名のように、おおむね低地だった阿佐ヶ谷の地にあって、この神社は最も高い位置に一二世紀末に創祀されたと伝えられる。駅方面からは緩やかに登ってアプローチする。

阿佐ヶ谷神明宮の境内の裏手には、荻窪駅の北の「天沼弁天池《あまぬまべんてんいけ》」を源とする桃園川が暗渠になって巡る。一九六一年（昭和三六）に東京の都市部の小河川について下水道化の答申があり、桃園川も昭和四〇年代までにすべて暗渠化されたのだ。

阿佐ケ谷駅の北のこの辺の原風景としては、桃園川が背後に流れる最も高い位置に阿佐ヶ谷神明宮が鎮座し、その前面南の条件のよい場所に、大地主の屋敷（東）と歴史のある杉並第一小学校（西）が並んで立地する、という明快な空間の構造が浮かび上がる。中央線（甲武鉄道）

が明治時代に阿佐ヶ谷神明宮の氏子《うじこ》圏《けん》を突っ切る形で貫通したが、もちろんそれで神社のコミュニティが分断されるはずはない。パールセンターの商店街も含め、中央線の南側に広がる多くの町会が阿佐ヶ谷神明宮の祭礼を盛り上げる。

さて、阿佐ヶ谷神明宮の西隣が、一五世紀前半に創建された「世尊院《せそんいん》」だ。古道に寄り添って配置されていたが、中杉通りが四〇年ほど前に北へ貫通したことにより、境内が分断され、墓地が西に切り離されたのがよくわかる。そのまっすぐで広い中杉通りの西裏手に、隠れるように狭い旧道がやはり曲線を滑らかに描きながら北上している。パールセンターと同様、昭和の初期にはすでに発展を見せた老舗の松山通り商店街がそこにはある。アーケードはない。中杉通りが貫通する前は、軒を削るように大型定期バスがこの狭い古道を通り抜けていたという。

図 7-7　阿佐ヶ谷神明宮と「けやき屋敷」(写真右)

途中、見所は多くはないが、大地主の鬱蒼とした屋敷や、鋭角に分岐する辻の祠など、古道ならではの風格のある要素が迎えてくれる。

†鷺宮八幡神社と妙正寺川

次の目的地、鷺宮八幡《さぎのみやはちまん》神社が近づいてくるのが、地形の変化がかもしだす気配でわかる。杉並区の最も北を流れる重要な中規模河川、妙正寺川が湾曲してこの地域を流れる。古道は右にカーブしながら、緩やかに川に向かって下る。途中、右への道を進むと、弧を描く妙正寺川を背に、それを望む森に包まれた高台に「鷺宮八幡神社」が姿を現す。その創建が大宮八幡宮の翌年の康平七年（一〇六四）というのも驚きだ。ほぼ同じ時代に誕生した南の大宮八幡宮、中間の阿佐ヶ谷神明宮、そして北の鷺宮八幡神社という三つの重要な神社を結んで、鎌倉古道とも言われるこの古道が南北に走るのである。

しかも、それぞれ善福寺川、桃園川、そして妙正寺川を北側に見下ろす高台に神域としての境内をもつ、というのも偶然とは思えない。この古道が中世の時代に重要だったことは、その道筋に沿って、少なくとも三ヶ所で板碑《いたび》が発見されていることからも裏付けられる（杉並区立郷土博物館常設展示による）。

鷺宮八幡神社の東隣にも、重要な寺院である一六世紀初め創建の「福蔵院《ふくぞういん》」の広い境内とその墓地がある。川に向けて張り出す緑に包まれた高台の最高の場所を、今もこうして神社と寺院の境内が独占しているのが印象的だ。八幡橋を渡ると、低地に西武新宿線が通り、古道と交わる地点に鷺ノ宮駅がある。その手前、妙正寺川は、河川改修で生まれた典型的な三面張のコンクリートの味気ない水の空間となっている（図7―8）。とはいえ、大洪水に悩まされ続けた流域住民の暮らしを守る目的で、高度成長期の一九六八年（昭和四三）に実現した待望の土木事業だったのであり、その記念碑が古道に面した祠の境内に立っている（図7―9）。まさにこれから、治水一辺倒で来た川沿いの空間が、市民と行政の力によって、緑を増やし環境整

図7-8　コンクリート三面張の妙正寺川

図7-9 境内に河川改修工事記念碑のある祠

備を進めて魅力を大きく高める段階を迎えるに違いない。

これまで述べてきた道のりについては、私の馴染みの深い杉並区の三つの河川(善福寺川、桃園川、妙正寺川)を南北方向に縦に結ぶ古い空間軸に光を当て、地域の原風景を描き、古層を読む作業を試みた(陣内・柳瀬二〇一三)。普段の生活において、誰もの意識の中心を占め、行動の基本軸となっている鉄道、そして駅の存在を一度、視界から取りはずしてみると、地形と結びつく河川、中世の古道、そして江戸時代の街道を基層とする地域の本来の構造が浮かび上がるのだ。これについては「中央線がなかったら見えてくる東京の古層」という言い方を三浦展氏とともに考えた(陣内・三浦二〇一二)。

†成宗須賀神社と祠

次には、小学校時代の私自身の通学路であり、あるいは日常的な遊びのテリトリーだったより身近な場所をズームアップして、そこに見出だせる興味深い空間の構造を描き出してみたい。

私は二歳の頃から親の転勤で引っ越す小学校四年生の初めまで、杉並区の成宗という崇高な名前の地区に住んだ(図7-10・7-11)。一九六〇年代末の住居表示変更で、東田町、西田町という町名と組み合わされ、成田東、成田西という機械的で何の意味もない名称に変えられた(地名の改悪の代表例としてもよく取り上げられた)。

図 7-10　後に住宅街に変わる農地
（『杉並区勢概要』昭和 32 年版）

図 7-11　空から見た成宗地域（1963 年 6 月 26 日撮影）
（国土地理院ウェブサイトの空中写真をもとに作成）

私の家は、青梅街道から南に分岐する古い道を少し東に入ったところにあった。震災後の宅地化で生まれたある地主の土地が、戦後、分割されて建った小さな平屋の家だった。近隣の付き合いは濃密で、楽しいコミュニティがあった。狭い道で三角ベースの野球、缶けり、馬乗り、石蹴り、ゴムとびなど、遊びには事欠かなかった。

高台にあるその一角を南に進むと、カーブする坂があり、その左手がターザンごっこなど、子どもたちの想像力を引出す藪で、まさに野性味のある〈原っぱ〉だった。坂の右手に、丘陵の南下りの斜面に立地する「成宗須賀神社《なりむねすが》」の境内が広がっている。旧成宗村の鎮守社にあたり、近世初期に存在したのは確実で、九四一年創建とも伝えられる。この鬱蒼とした緑に包まれる境内で、学校が終わるとよくゴムボールの野球に興じた。

実は、その隣にも気になる祠があった。その右脇の猿滑りの木の高いところに美しい玉虫がいつもいて、昆虫採集のために何とか採りたいと思ったが、どうしても叶わなかったのを覚えている。何故、神社とは塀で隔てられた隣の敷地に別の祠があるのか、不思議に感じていた。四〇年以上も後になって、この地域の調査をした時に、敷地内に湧水池である弁天池があり、そこに「成宗弁財天社」が祀られていたことがわかった。近在の村々の水信仰の中心地で、日照りが続くと人々は雨乞いのためこの弁財天に詣り、弁財池の水を持ち帰る習慣があったという。近代になっても大正初期までは、富士登山・榛名《はるな》詣り・大山詣りなどの際には、弁天池で水垢離をして、道中の安全を願ったと伝えられる。残念ながらマンション開発で池は埋められたが、祠は受け継がれている（図7－12）。

図7-12　成宗弁財天社

丘の南に下る斜面に立地する須賀神社と祠。この恵まれた立地条件をもつ聖地の前には、「天保新堀《てんぽうしんぼり》用水」が流れていたという。天保年間に、水不足に悩む桃園川周辺の馬橋、高円寺、中野の村々を救済する方策として、水の豊富な善福寺川から桃園川まで、約二・五キロメートルにわたってつくられた人工水路だ。この弁財池にいったん水を集め、その少し東に行ったあたりから地下トンネルとなり、高台尾根を通る青梅街道の下を抜けて北の桃園川の谷の地域へ水を供給した。明治一三年の地図には、そのルートがはっきり示されている。

また、より多くの水を貯める目的で池をさらに深く掘った時の土で、富士講のための「成宗富士」と呼ばれる富士塚もここに造られていたという。小さな鳥居の前に残る石橋、水路跡は天保新堀用水の名残で、貴重な文化遺産となっている。こうして調べていくと、子供の頃遊んだ自分のテリトリーのなかに、価値ある場所が人知れず潜んでいたことに驚かされる。

†善福寺川緑地・尾崎熊野神社

須賀神社の東に接する坂道をまっすぐ南に進むと、どこまでも田んぼが広がっていた。春先に一面に咲いたレンゲ草の美しさは忘れられない（図7-10）。一九六二年に再び成宗の地に戻ってみると、その私の原風景が一変し、田んぼだった広大な土地に日本住宅公団の「阿佐ヶ谷住宅」（一九五八年竣工）というピカピカの団地ができていた（図7-13）。公団の気鋭のプランナー、津端修一《つばたしゅういち》が構想した美しい線形を描く道路と住棟配置、さらに建築家、前川國男《まえかわくにお》の設計になるテラスハウスのモダンな美学が目を奪った（三浦二〇一〇）。それもすでに今はなく、民間ディベロッパーの集合住宅群に置き換わったのが寂しい。変化の激しい東京で何を受け継ぐべきか、さらに考えなければならない。

さらにこの道を先へ進む。実はこの道路が正真正銘の「鎌倉街道」と呼ばれており、ベテランのタクシー運転手なら、誰もがそのことを知っている。やがて善福寺川に架かる「天王橋《てんおうばし》」に出る。蛇行して流れる善福寺川周辺に広がる低地は、古くは川の氾濫原《はんらんげん》（洪水時に水が溢れて氾濫する範囲の低地）だったに違いなく、もともと水はけも悪く、水害の多い地域だった。

子供の頃、台風が来るとよく氾濫し、小学校から帰宅できなくなることもあった。非日常的な体験は、子供心にはどこかわくわくする嬉しいものだったことを覚えている。

戦後、宅地化が進んだことで、高度成長期に入る頃、河川を改修し周囲は都立公園として整備された。一九六四年に開園したこの「善福寺川緑地」は、蛇行して流れる善福寺川沿いに見事な水と緑の回廊を生み出した（本章扉写真）。犬の散歩、ジョギング、ボール遊び、ピクニック、ゲートボール、そして花見の場でもあり、近隣住民の暮らしにとって欠かせない貴重な財産となっている。

天王橋を越え、蛇行する善福寺川に張り出す南側の丘の上へ、坂道を登る。右手奥に子供たちがザリガニを採りに集まった溜池が、左手の斜面には墓地があったが、再びこの地に戻った時には、すでに姿を消して宅地になっていた。坂を登り詰め、右（西）に折れてしばらく進むと、私が学んだ杉並第二小学校がある。さすが古い学校だけあって、鎌倉街道に面した高台の素晴らしい立地条件のなかに造られた。北端には、この地域の鎮守社で由緒のある「尾崎熊野《おざきくまの》神社」、南隣りには、「三年坂」を挟んで「宝昌寺《ほうしょうじ》」がある。

図 7-13　阿佐ヶ谷住宅（2010 年）

図7-14　尾崎熊野神社

尾崎熊野神社は、河岸段丘《かがんだんきゅう》の上のまさに理想的な場所を占め、北の背後に川を控え、南側の鎌倉街道からアプローチする（図7-14）。大宮八幡宮とほぼ同年代の創建と伝えられるやはり古い神社だ。一九六八年（昭和四三）に、境内から縄文時代の土器や住居阯が発掘され、古くからこの地に人々が居住したことがわかる。ここを本章の終点にしよう。

　こうして自分自身の原風景と重ねながら、現在のこの地域を歩くと、変化した市街地の中にも、凸凹の地形、崖や坂、道の曲がり、蛇行する川の流路、まだ残る武蔵野の林、神社、寺院、大きな屋敷、路地、辻の祠などに、場所のアイデンティティを感じ取ることができる。これもやはり、「中央線がなかったら」という発想に立ってこそ見えてくる〈東京の古層〉なのだ。

第 8 章

武蔵野——井の頭池・神田川・玉川上水

ボートや散策で人々が憩う井の頭池

1　井の頭池

†武蔵野台地の湧水が生んだ池

前章では、私の地元で馴染みの深い杉並の限定したエリアに焦点を絞り、武蔵野の一角の地域構造を自分なりの方法で描くことを試みた。ここでは、扱う対象をより広い範囲に拡大して、武蔵野の特に〈水〉と結びついた空間の在り方を見ていきたい。

まずは、武蔵野台地を流れる川の重要な水源でもある〈池〉の存在に目を向けよう。どれも東京独特の自然条件がもたらす恵み、〈湧水〉が生み出す池なのだ。人々に親しまれる都会のオアシスとしての、湧水による池が多いのも、水都東京の特徴の一つである。

この台地を被う関東ローム層の下には、幾つかの礫層があり、水を貯める帯水層が形成されている。地上に降った雨は容易にその層まで浸透し、豊かな地下水となる。扇状台地の端に崖があると、その礫層が地表に露出する所で水が湧き出ることになる。

東京の湧水は、主に二つのタイプに分かれる（図8－1）。まずは〈崖線タイプ〉。川によって浸食された台地の段丘崖や断層面に露出して砂礫層から湧く湧水で、砂礫層の下部は、水を通しにくい粘土層や泥岩になっていることが多い。すでに見た目白の台地から神田川に向けて下る段丘、後に見る国分寺崖線の湧水など、その例は多い。次が〈谷頭《こくとう》タイプ〉。台地面上の馬蹄形や凹地形など谷地形の谷頭、つまり谷の最上流にある急斜部で水を含む層が露出した所から湧く湧水である。地下水が湧き出る力で地盤が浸食され、こうした谷頭地形が形成されるところが多い。武蔵野三大湧水池である井の頭池、善福寺池、三宝寺《さんぽうじ》池《いけ》（図8－2）は、いず

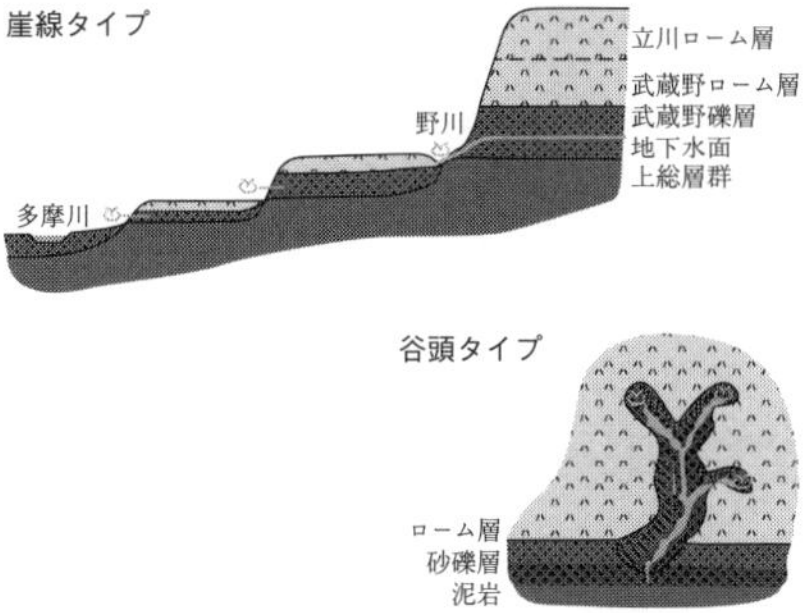

図 8-1　武蔵野台地の主な湧水タイプ
（高村 2009 をもとに作成）

図 8-2　三宝寺池

れもこのタイプに属す（高村二〇〇九）。

井の頭池、善福寺池、三宝寺池については、どれも標高五〇メートルほどの武蔵野台地の扇状地の端で段丘の勾配が緩くなり、急な斜面から緩くなる境目のところに湧水帯が生じたと考えられている。その湧水を水源として神田川、善福寺川が流れ出し、三宝寺池の湧水は石神井川への水の供給源の一つとなっている。これらは、東京を代表する中河川であり、今も武蔵野の面影を残す池から流れ出て、この大都会に潤いと豊かな表情を与えるとともに、流域には遺跡、神社、名所などが多く分布し、歴史のなかの様々な記憶を物語る水空間でもある。独特の地形・地質の自然条件がもたらす豊かな水資源を背後にもつ、いかにもエコシティ・東京らしい仕組みともいえよう。それに歴史、人文的な要素も加わることから、「水と緑の回廊」というよく使われる言い方を超えて、法政大学エコ地域デザイン研究所（現在はエコ地域デザイン研究センターに改称）では、〈歴史・エコ回廊〉という考え方を掲げてきた（高橋二〇一二）。

戦後、水田を潰して市街地が広がった結果、水害に悩まされ続けたこうした河川沿いの地域では、洪水対策の河川改修事業によって両岸と川底がコンクリートで固められた三面張の冷たさばかりが目立つ状況にあった。だが近年の市民、行政双方の様々な努力の積み重ねで緑も増え、だいぶ親水性を取戻しつつある。

先ほど述べた武蔵野台地を代表する井の頭池、善福寺池、三宝寺池という三つの池の周囲には、飲料水も食糧も得やすいため、縄文時代から集落が形成された。その後の長い歴史のなかで、生活に必要な水の供給地としてばかりか、雨乞いに住民が集まる聖なる場所になるなど、人々の暮らしと密接に繋がる歴史を重ねてきた。どの池も周囲を高台に囲われた山の辺にあり、谷頭の崖からの湧水で生まれた池の島には弁財天をはじめ、水と結びついた神々が祀られている。

東京の「水の都市」の概念を広げて考える上での鍵となるのが〈湧水〉だ。湧水は古来、人間の暮らしにとって、様々な役割と意味をもってきた。湧水がもつ信仰とも繋がる聖なる意味は西欧世界でも古代にはあったが、実はキリスト教の普及とともに失われた。一方、東アジアには共通する文化として存在するとはいえ、日本での湧水への人々の精神的、文化的なこだわりはとりわけ強く、都市や地域の形成にとっても大きな役割を担ってきたと思われる。

†井の頭池と神田川

武蔵野台地の湧水が生んだ池の代表として、「井の頭池」に焦点を当てて見ていこう。数多い池のなかでも、都市江戸と特別に深い関係をもつ歴史的に重要な池であり、そこから流れる川の水は、「神田上水」として江戸市民に飲料水を供給し、人々の暮らしを支える生活インフラでもあった。その役割は明治になっても受け継がれ、給水が完全に停止し、廃止されたのは近代水道の完成後の一九〇一年（明治三四）のことだった。

この井の頭池から流れ出る神田川は、土地の条件に合わせて大きく蛇行して流れ、途中、善福寺川、妙正寺川を束ね、流域ごとに表情の変化を見せながら、都心に向かう。最後の下流域では、水道橋あたりから御茶ノ水、柳橋にかけて起伏のある台地に人工的に掘削されたルートを経て、隅田川に注ぐ。

神田川は現在、井の頭池を出て隅田川に入るまでの川筋全体をさし、一九七〇年代の大ヒット曲「神田川」も、その中流域の高田馬場、早稲田近辺が舞台だった。だが、一九六五年（昭和四〇）の河川法の改正以前は事情が異なり、上流域を神田上水、中流域は江戸川、そして下流域を神田川と呼んでいた。では、まずは井の頭池を探索し、その後に、東京を代表する中河川、神田川流域の特徴ある水辺風景の構造を観察することにしよう。

†井の頭池の原風景

井の頭池はＹ字の形をし、二股に分かれた西端に湧水がある（図8－3）。台地からかなりの急斜面を降りた下に広い水面が広がる状態は、一種の大きなスリバチであり、〈山の辺〉と〈水の辺〉の組み合わせともみてとれる。こうした恵まれた自然条件のもとで、この池のまわりの台地や斜面に古くから人々が住み始めたのも当然である。まさに、考古学の宝庫なのだ。

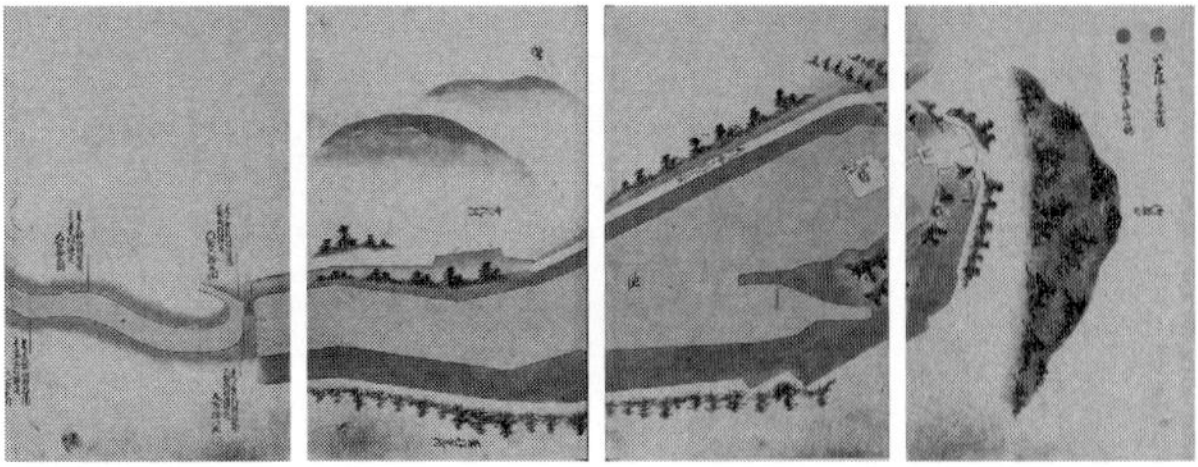

図8-3 『上水記』（1791年）に描かれた井の頭池（東京都水道歴史館蔵）

西側にあたる水が湧く谷頭、すなわち谷の最上流部を囲むように、池の周辺に重要な遺跡群がある。

その高台、公園内の御殿山の林のなかに、「東京都指定史跡井の頭池遺跡群」の解説板が立つ。一八八七年（明治二〇）には学会に紹介された著名な遺跡であり、一九六二、六三年に発掘調査され、縄文時代中期から後期の竪穴式住居跡三軒、敷石住居跡一軒などが発見されたとある。さらに、全貌はわからないものの、井の頭遺跡群全体では縄文時代の住居跡六〇軒以上や旧石器段階の遺物、また中世段階の遺構や遺物も発見されていて、武蔵野台地に見られる湧水地周辺の旧石器・縄文時代の代表的な遺跡であると説明されている。

旧石器の遺跡が多い点も注目される。旧石器の遺跡は大河川沿いにはなく、内陸の台地の中に谷頭をもつ小河川沿いに、点々と遺跡が見つかっている。定住せず狩猟や採集で暮らしていた旧石器時代の人々にとって、飲水があり、獲物を狙うにも有効な場所が小河川沿いや水の湧く湧水地点の谷頭だったのだ（長崎二〇一九）。井の頭池はまさに人間の営みにとって理想的な条件を備える土地だった。

✝井の頭池の水のトポス

今日の我々にとって、井の頭池は花見の名所として知られ、池のまわりの満開の桜に私も何度も感動したことがある。ところが、これは本来の井の頭池の姿ではなく、もともと池の周囲の林は「水源涵養《かんよう》」の役割をもつ杉の木が主体だったという。江戸時代、上水の水源保護のため幕府管轄だった森林を、明治新政府が一度、民間の材木業者に売却。だが、事の重大さに気づいて買い戻し、杉の植林に努めて豊かな森を復活させたという。太平洋戦争中、周囲の杉の木はほとんどすべて伐採され、戦災死亡者の棺に使われたとも伝えられる。その後、井の頭池は行楽地の性格を強めていった（小沢・冨田一九八九、濱野二〇一九）。

北西端にある湧水点は、「お茶の水」と呼ばれる。「その昔、当地方へ狩に来た徳川家康がこの湧水の良質を愛してよく茶をたてました。以来この水はお茶の水と呼ばれています　東京都」と説明板にある。かつては七ケ所から水が湧いていたというが、都市化の影響で湧水が枯れ、現在はこの地点でだけ地下水をポンプでくみ上げて湧水を再現している。

井の頭池は、行楽地に、そして名所になるプロセスを江戸時代の中期から幕末にかけてすでに経験した。この過程がどう展開したのか、馬場憲一が文献史料から解き明かしている。鍵を握るのは、この池の西側に浮かぶ小島に祀られた「弁財天」である。家康、そして三代将軍家光と、徳川家との深い繋がりが語られる井の頭池だが、一〇世紀前半の弁財天創建に関わった源経基《みなもとのつねもと》、後の源頼朝など源氏一族との結びつきの伝承が、この水辺の宗教的神秘性とあいまって、すでに一種の聖地の性格を生んでいた。

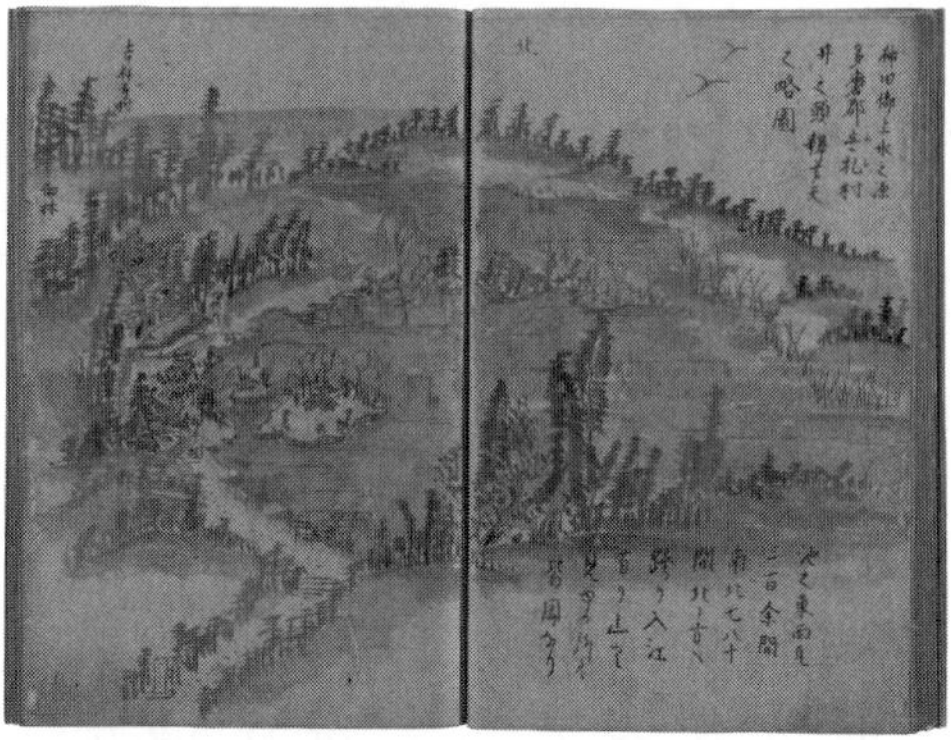

図8-4　『四神地名録』に描かれた井の頭池の弁財天
（国立国会図書館蔵）　図左の小島に弁財天がある

「神田上水」は、都市江戸にとっての初めての本格的な上水だった。天正一八年（一五九〇）、徳川家康は江戸入府に先立ち、家臣大久保藤五郎に水道の見立てを命じた。藤五郎は小石川に水源を求め、目白台下あたりの流れを利用し、神田方面に通水する「小石川上水」をつくりあげたと伝えられている。江戸の発展に応じて、この小石川上水は拡張され、寛永六年（一六二九）頃に井の頭池や善福寺池・妙正寺池などの湧水を水源とする神田上水が完成したとされる。

この神田上水は、中流域の関口大洗堰《せきぐちおおあらいぜき》で、取水されて上を流れる上水堀と、吐水（余水）が落ちて流れる川の本流とに分かれる。神田上水は、水源から江戸までを通じて開削されたのではなく、武蔵野を流れる自然の流れに手を加えながら江戸に引いたもので、元々、井の頭池から水を引いて村々の住民が使っていた灌漑用水が上水に利用されたと考えられる（伊藤一九九六）。

その水源である井の頭の地は、江戸時代、同時に井の頭弁財天の信仰の対象地として、特に江戸市中の人々の信仰を集める場所となった。また地元に暮らす人々にとっては、農業の再生産を維持するための重要な場所でもあった。

江戸中期になると、井の頭には文人や学者が訪ね、その存在が知られていく（図8－4）。地誌の『江戸名所図会』には、それまで語られ、伝承されてきた井の頭、そして弁財天の由来・由緒がもれなく記述されている。こうして伝統的由緒と自然環境を備えた景勝地という認識がもとになり、江戸時代後期に井の頭の「名所」化が図られたのである（馬場二〇二〇）。

江戸東京の凸凹地形が生む水の辺には、この井の頭池のように、早い段階から信仰と結びついた聖地となり、その後、近世の中期、後期にかけて名所化し、今なお人を惹き付ける場所であり続ける場所が多い。湧水が生む水空間が霊的な力を秘めて人々を惹き込んできたというのも、水都東京の特徴の一つなのである。

2　神田川から見える古代・中世

†神田川流域を訪ねる

井の頭池からスタートし、ここから流れ出る水に沿って、神田川流域の幾つかの場所を訪ねてみよう。三鷹台《みたかだい》から久我山《くがやま》、富士見ヶ丘、高井戸《たかいど》までは、京王井の頭線が付かず離れず走っている。中央線（元は甲武鉄道）が、武蔵野の高台をまっすぐ東西方向に通るのと対照的なのが面白い。地形を読みながら、地域性と結びついて建設されたことがわかる。明治に蛇行する河川の流れを直線化する付け替えが行われたが、大きく見れば氾濫原の低地内でのことであり、本来の地形と川と古い重要な要素が一体となってつくりだす地域構造の在り方を考察するにはさほど支障はない。

武蔵野の浸食谷《しんしょくだに》（流水の浸食によってできた谷）を蛇行しながら流れる神田川に沿っては、縄文時代から多くの集落がつくられてきた。また、江戸時代よりずっと古くから神社や寺院ができ、人々の営みが重ねられてきた。幸い、神田川を愛し、この水系の環境の再生と歴史・文化の掘り起こしに取り組む「神田川ネットワーク」のメンバーが総力をあげて調査し、刊行した

『神田川再発見』（東京新聞出版局）が流域の見所を実に詳細かつ魅力的に紹介している。それも一つの手引としながら、水都東京の重要な空間軸、神田川の流域の基層構造を描きたい。その作業にとって意味をもつと思える場所を訪ね、その成り立ちについて観察していこう。

武蔵野の面影を残す上流部には、川沿いに緑が多い（図8－5）。三鷹台のすぐ手前、敷地の南側で川に向かって緩やかに下る緑溢れる敷地に、立教女学院がある。関東大震災直後の一九二四年（大正一三）に、都心からこの地に転出。ロマネスク様式の聖マーガレット礼拝堂など、今も荘厳な雰囲気を見せている。三鷹台の駅ができたのは、その少し後の昭和八年（一九三三）というから、田園風景が広がる武蔵野の一角に、震災後に郊外の町ができていくプロセスを想像できる。なお条件のよい土地だけに、立教女学院の敷地内での発掘調査では、縄文時代の住居遺構、土器、石斧《いしおの》などの遺物が発見されている。五月初旬にこのあたりを歩いた時、小さな鯉のぼりの大群が神田川の水面の上で、勢いよく泳いでいる光景に出くわし、爽やかな元気をもらったのを思い出す（図8－6）。

久我山駅手前で、川辺からやや北に入った南下りの斜面に、旧久我山の鎮守、「久我山稲荷神社」が大きな森に包まれて存在する。

次の見所として、浜田山《はまだやま》駅から少し南に行き、鎌倉橋を渡った対岸（右岸）にある「杉並区立塚山《つかやま》公園」を訪ねたい。ちなみに、この鎌倉橋は、少し下流に太田道灌の命を受け鎌倉の鶴岡八幡宮を勧請《かんじょう》した「下高井《しもたかい》戸《ど》八幡《はちまん》神社」があり、その鎌倉にあやかったとも、北から南にこの地を通り抜ける「鎌倉街道」に架かることに由来するともいわれる。森につつまれた塚山公園は、戦前の一九三八年（昭和一三）の発掘調査で四基の竪穴式住居が姿を現して注目され、さらに一九七三年（昭和四八）には、住居跡二〇軒が発掘され、縄文時代中期の環状集落だったことがわかった。竪穴式住居の復元もされている。この場所の立地条件も川に向かう緩やか

図 8-5　緑あふれる神田川の最上流部

図 8-6　川の上で泳ぐ鯉のぼり（三鷹台駅付近）

な斜面地だが、ここではゆっくり北に下っている。

北の対岸（左岸）には、神田川流域での近代の土地利用の一つの典型パターンとして、大企業の福利厚生施設である立派なグラウンドが集まっていた。だがバブル経済崩壊後、企業にそれを持ち続ける余裕がなくなり、新たな用途に置き換わってきた。たとえば日本興業銀行のグラウンド跡地は、区民参加を積極的にとりいれながら、二〇〇四年に杉並区の「柏の宮公園」に生まれ変わった。その名前は、近くの「下高井戸八幡神社」が「柏の宮」と呼ばれていたことに由来し、ここにも鎌倉時代に遡る歴史的な遺伝子が埋め込まれた。

永福町《えいふくちょう》駅から南に少し行ったあたりに、旧永福寺村の鎮守の「永福稲荷」がある。創建は享禄三年（一五三〇）と伝えられる。先に見た久我山稲荷神社と同様、ここでも神田川に沿って、その北側のやや高い位置に古い村の鎮守が祀られていることから、一つの理念型というものを想定できる。この稲荷の東隣りにある「永福寺」は、この地に大永二年（一五二二）に開山されたとされ、杉並区でも有数の古くて重要な寺院である。川沿いの高台が、地域の歴史にとっていかにポテンシャルの高い場所かということがわかる。

明治大学和泉《いずみ》校舎を過ぎて少し行ったあたりで、神田川は北北東の方向に流れる。その水辺に、神社と寺院が対になって並ぶもう一つの典型例が見られる。まず、旧和泉村の鎮守、「和泉熊野神社」があり、鎌倉時代の文永四年（一二六七）の創建と伝えられる。その隣にある

「龍光寺《りゅうこうじ》」は真言宗の寺院で、室町中期に開山されたとされる。ここでも理念型に従い、神社と寺院が、条件としてはやはり恵まれた、川に対して東南東に面する立地を示す。

†神田川流域の原風景

神田川流域の基層構造を読むために、明治初期から中期にかけて参謀本部陸地測量部によって作成された「迅速測図《じんそくそくず》」を見ながら、このあたりの地域の原風景を探ってみたい（図8－7）。近代の開発の手が入る前の江戸の近郊農村の様子が手にとるように見て取れる。蛇行して流れる神田川に沿った低地には、水田が続き、段丘の上に畑や林がくることが多い。水田の段丘寄りに、川に並行に走る道があり、それに沿った水に浸かりにくい土地に農家が並ぶ風景が一般的に見られた。永福寺村は、そのなかでも、高台に家の分布が面的に広がり、大きな集

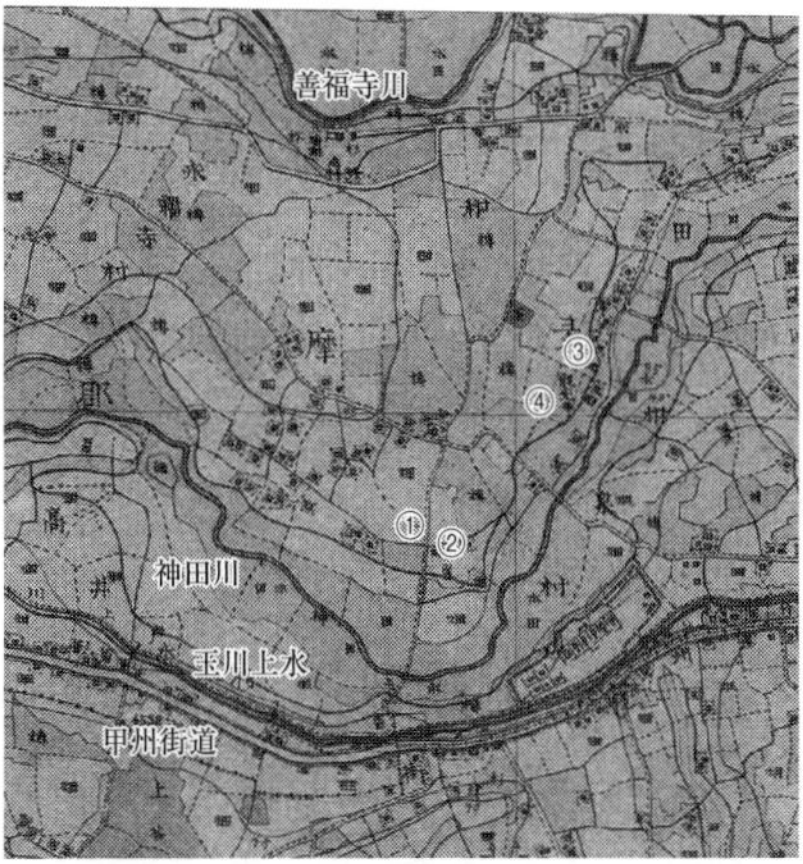

①永福稲荷②永福寺③和泉熊野神社④龍光寺
図8-7　神田川流域の永福、和泉周辺（参謀本部陸地測量部「迅速測図」）

落があったことが知られる。

地下鉄中野富士見町の駅近くの富士見橋より東側は、川沿いに道がなく、両岸に民家やビルが直接建ち並ぶ。これは神田川を断面方向に切って見たときに、平坦部に見られる形式の一つだ。新橋まで歩くと、すでに第6章で述べた中野新橋の元の「花柳界」の一角に入る。ここでも、基本的に原風景の構造は同じで、川の北側の南下り斜面地の高い所に、宗教施設の立地の理念型通り、「本郷氷川神社《ほんごうひかわ》」と「福寿院《ふくじゆいん》」がある。その聖地の裾に広がる神田川の水辺からその背後にかけて、昭和四年（一九二九）以後、花柳界が発達した。

本郷氷川神社は、太田道灌が江戸城を築いた長禄元年（一四五七）に、西方の鎮護のため武蔵大宮の氷川神社を勧請したと伝えられる。福寿院の創建は元応元年（一三一九）とされ、高台から川に向けての眺めが素晴らしい。朱塗りの擬宝珠《ぎぼし》をもつ新橋、そして桜橋、花見橋と続く色っぽい橋の名は、料亭や待合、芸妓置屋が軒を連ね、賑わいを見せた花柳界の記憶を物語る。やはり花柳界は水辺に似つかわしい存在なのだ。

このように、武蔵野の台地を浸食して流れる神田川（図8-8）を見ていくと、その地域構造の基層をなす要素として、次々に古代末、中世の重要な場所、宗教空間などが浮かび上がる。高井戸の宿場を除けば都市的な要素はまったくなく、農村社会を基礎に、自然の地形に素直に応じながらつくり上げられた田園地域の基本構造がよくわかり、そこでは水との繋がりが非常

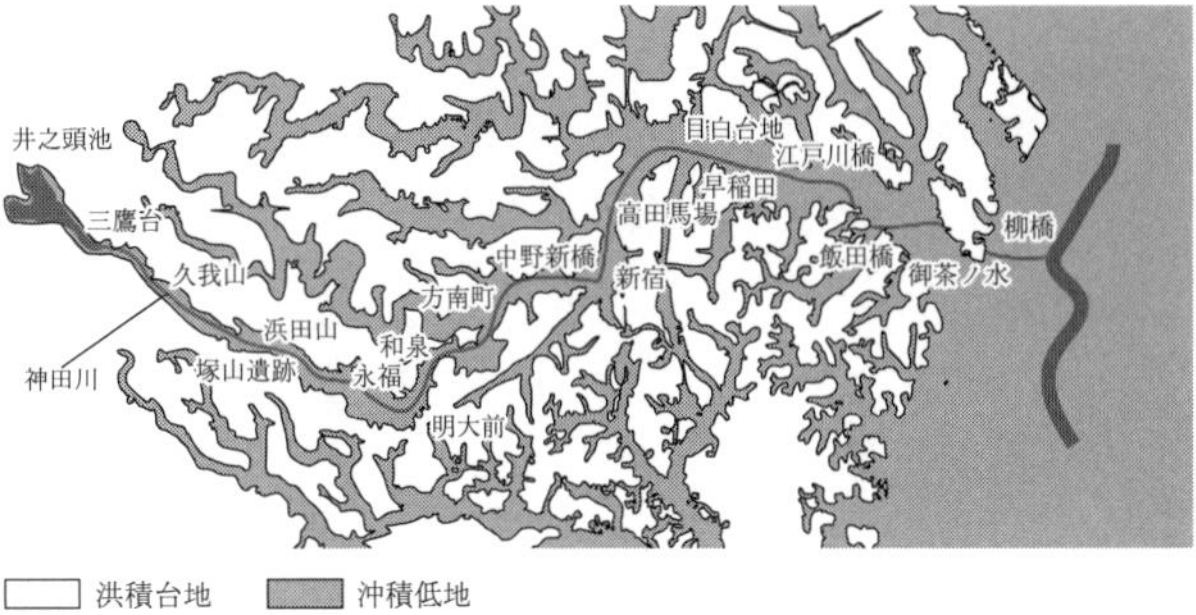

図 8-8　神田川流域の地形

に強いことも確認できる。戦後にぎっしり建て込んだ市街地のなかで、だいぶ見えづらくなってはいるが、今もなおその基層を炙《あぶ》り出すことは可能なのだ。

江戸の都市を下敷きにする東京都心の山の手を観察する際に注意が必要なのは、江戸の都市開発の大きな力のなかで、それ以前に存在したはずの縄文・弥生・古墳時代から中世までにつくられた基層としての田園的な地域構造は、大きく上塗り、改変され、部分的にしか、その姿を現さないことである。それでも凸凹地形、水の流れ、遺跡の分布、江戸以前の神社、寺院の分布、古い道のルートなどから、想像できる面もあることは、すでに第6章で述べた。

それに対し、江戸の都市開発とは無縁だった神田川の上流域を見ていると、明治初期からの正確な測量地図が使えることもあり、武蔵野の原風景、地域の原構造を理解でき、またその上で、どのような経過を経て近代のまち、地域に発展し変化したのか、すべてが読める。現代の市街地のなかに古代、中世の基層がどのように根を下ろしているかを観察できるのも面白い。地域の歴史的、文化的アイデンティティの掘り下げがこうして可能になるのである。

†目白台の斜面に受け継がれた池泉回遊式庭園

こうした作業を本来は神田川のすべての流域で行うべきだが、紙幅に余裕がないのでここでは、次に、大きく東の都心に向かって移動し、平坦で地形の変化の少ない新宿区内の落合、高田馬場、早稲田あたりの市街地はスキップして、地形の変化の多い山の手の一角に入っていこう。目白の台地を左手に見ながら進むと、段丘崖が急峻になってくる。神田川の断面形式の比較という眼からは、最もダイナミックな形状を見せるハイライトと言うべき場所にさしかかる。現在の目白台一丁目、関口二丁目あたりだ。西から豊坂《とよさか》、幽霊坂《ゆうれいざか》、胸突坂《むなつきざか》と表情豊かで急な坂が連続している。

凸凹地形を誇る東京の山の手、武蔵野では、都市空間を断面方向に切りながらそのエリアの成り立ちを読むことが重要だ。川の北側（左岸）では、目白台地（関口台地とも呼ぶ）の丘陵の南下りの斜面地に、鬱蒼とした森に包まれる大きな敷地に文化施設、ホテル、そして庭園が並ぶのに対し、川の南側のかつて水田だった低地には、小さな建物が詰まった高密な市街地が広がる。山本松谷が『新撰東京名所図会』の挿絵として明治三〇年代末に描いた「目白台下駒塚橋辺の景」が、このあたりの近代の変容を受ける以前の原風景を物語る（図8－9）。川を挟んで、北（左岸）と南（右岸）での対比的な景観の在り方は、ある意味で、今なお受け継がれているともいえよう。

図8-9　山本松谷「目白台下駒塚橋辺の景」（『新撰東京名所図会』）

山本松谷の絵が示すように、元々、川の水面は今よりずっと高く、流量も豊富で、身近な水辺にのどかな田園の風景が広がっていた。ところが今の水面はかなり深い位置にある。鈴木理生は、それを「川が沈んだ」と表現し、その理由として、洪水対策として低地を蛇行していた川筋を直線化したため、川の流れが急になり、河床が削られて下がったと説明する（鈴木二〇〇三）。

ここで、「尾張屋版江戸切絵図」と明治一六年の「参謀本部陸軍部測量局5000分1東京図」（図8－10）を見比べながら、高台から斜面にかけて江戸時代の人々の構想力と技術でできあがった空間の構造を考察してみよう。「江戸切絵図」によれば、高台を通る

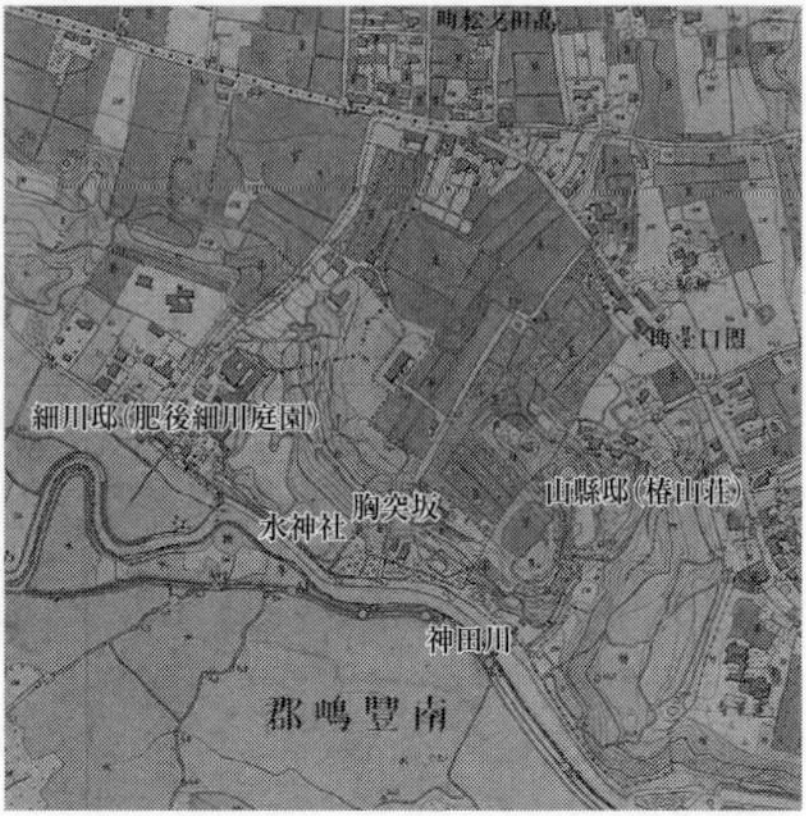

図 8-10　目白台地の斜面緑地と神田川（「参謀本部陸軍部測量局 5000 分 1 東京図」1883 年）

現在の目白通りの南には、大規模な敷地をもつ大名屋敷が神田川（旧江戸川）に向かう斜面も取り込んで連続して並んでいる。このあたりは、南北朝時代から椿が自生する景勝地だったため、「つばきやま」と呼ばれていたという。その環境のよさが活かされ、大名屋敷群の登場となったのだ。一方、通りの北側の平坦地には、中下級武家地が比較的規則的な町割を見せて広がっている。

それと参謀本部の地図を比較して見ると、道路、敷地割りにはまったく変化がない反面、目白通りの両側の多くの敷地が、武士が不在となった後に、茶畑に転用されている状況がわかる。国策で桑茶政策がとられた明治前半の時代性をよく物語っている。興味深いのは南側の大名屋敷の川に近い斜面地だ。湧水を利用した池が引き続き幾つも残り、江戸の大名庭園の姿を彷彿とさせる。特に、黒田家の下屋敷跡を購入し、その敷地の構成を受け継ぎ自宅とした山縣有朋《やまがたありとも》邸の姿が、地図に詳細に描かれている。敷地なかほどの池を中心とする池泉回遊式庭園の北側の高い位置に配されたその屋敷は「椿山荘《ちんざんそう》」と命名されていた。その後、藤田興業の手に渡り、一九五二年に「椿山荘」の名を受け継ぐ結婚式場として営業を開始した。

一方、胸突坂の西に接する細川家の下屋敷跡では、その一部が明治になって細川家の本邸として受け継がれた様子を見てとれる。ここでは斜面下の神田川（旧江戸川）に近い位置に、大きな池を望む邸宅が置かれている。今は文京区立の公園で、近年、名前を「新江戸川公園」からより歴史を感じさせる「肥後細川庭園」に改称した（図8－11）。大都会のなかにいることをしばし忘れさせてくれる理想郷だ。

図 8-11　肥後細川庭園

　この敷地の東隣りを急勾配で降りる胸突坂の下には、神田川に面して、鎮座する「関口水神社」が鎮座する。これこそ、大都市江戸に給水していた神田上水の守護神である（図8－12）。階段の参道の左右に高くそびえる、鳥居のように対をなす銀杏の木は、奥の小さな社に代わり、この聖地の象徴となっている。

　向かいにある芭蕉庵は、桃青《とうせい》と名乗っていた松尾芭蕉

図8-12　関口水神社

が水番人の役に就いていた時に起居していたところである。このすぐ東の下流側に、自然河川の神田川から、江戸市内に供給する神田上水の水を取るため、「関口大洗堰」が寛永七年（一六三〇）頃に築かれたが、大雨により何度も改修工事が行われ、延宝五年（一六七七）からの工事に芭蕉が携わったとされている（図8‐13）。

ここでは少し、「水神社」という存在にこだわりたい。アジアと日本の水都を比較研究する高村雅彦は、我が国の権力のもとでつくられた江戸も含む城下町では、水辺に〈水神〉を祀り聖地化する傾向が読み取れ、その位置は、都市が開発される領域の境界に環境装置として意図的に配されたという興味深い仮説を提示し、それを検証している。徳川家による都市づくり以前から別の場所に存在したローカルな神社を移動させ、新たな聖地としての意味を与えることもよくあった。江戸の場合には、隅田川上流域の微高地にある「隅田川神社」、近世初期の江戸湊につくられた「常磐稲荷神社」、墨東の幾つかの神社、神田川下流の「柳森神社」、そして神田川（旧江戸川）を上がったところに位置する神田上水の守護神としての「関口水神社」が

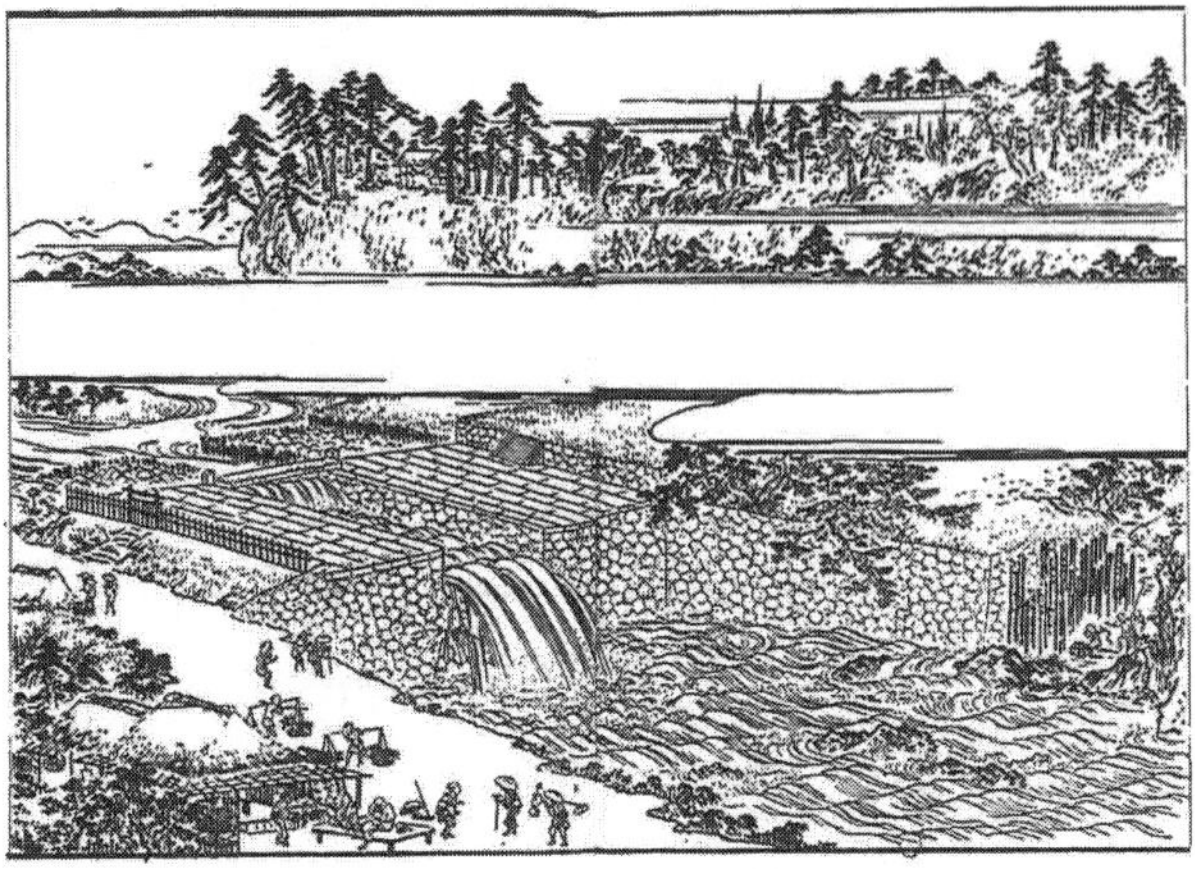

図 8-13　関口大洗堰（『江戸名所図会』）

どれも〈水神〉を祀り、その役割を担ったと指摘する（高村二〇一六）。

†下流域の神田川

さて、江戸市中へ水を送る役割を担う神田上水は、水神社の少し下流、関口に設けられた関口大洗堰で水位を上げて取水する仕組みをもった。こうして神田川（旧江戸川）の水は上水と吐水（余水）に分かれる。上水を取水した残りの大部分の水は、吐水となって洗堰を越えて川の本流に落ちる。上水は、川の北側に沿ってやや高い位置を素堀《すほり》の上水堀として流れ、「水戸藩の庭園」の池に水を供給した。神田上水は実は、江戸市中に入る前に、水戸藩の庭園の池に水を供給することを見込んで計画されたと思われる。それ以外の上水の水は、そのまま川沿いの陸地を流れ、水道橋を過ぎたあたりで掛樋《かけひ》によって神田川を越え、神田、日本橋、京橋の一部まで行き渡っていた。

神田川（旧江戸川）そのものは、飯田濠で外濠と合流し、その後は向きを東に変えて、隅田川まで流れる。この下流域が古くは神田川と呼ばれた。元和六年（一六二〇）頃から始まる第三期天下普請で、駿河台の掘削による平川の流路の付け替えで登場した人工的な水路であり、その四〇年後の万治三年（一六六〇）に大規模な拡張工事が行われ、神田川と名を変えて舟運にも利用されるようになったのである。人工的に掘られた切り通しだからこそ、御茶ノ水あたりでは都心には稀な渓谷美が生まれている（第5章図5-2）。その機能も多様で、江戸の都心を水害から守り、防御の役割も担い、後に拡幅され舟運にも使われた。

幅のある神田川がこうして誕生したことで舟運が可能になり、隅田川に近い下流域の川沿いには、平坦地に河岸が数多くつくれた。地回り米問屋が筋違橋から美倉橋《みくらはし》下流にかけて集中し、神田《かんだ》多町《たちよう》の青物市場が舟運と結びついて重要な役割を果たした（坂田一九八七）。

河岸のなかで最も内陸の奥まった位置にあったのが、第5章ですでに見た「神楽河岸」だった。前述の通り、明治には水戸藩の大名屋敷の跡に砲兵工廠ができ、また平川の付け替えで、堀留の状態になっていた部分を掘削し日本橋川へ繋げるなど、神田川のこの周辺での舟運は近代に入ってより活発になったと考えられる。東京オリンピック直前の一九六〇年頃を境に舟運が完全に衰退した今、舟の姿が数多く見られ、江戸の風情を感じさせるのは、隅田川に注ぐ河口部の「柳橋界隈」に限られる（第1章参照）。

3　玉川上水

†玉川上水の建設

江戸の上水の歴史にとっても、武蔵野の地域開発の歴史にとっても大きな役割を果たしたのが、「玉川上水」の建設だった。

江戸の人口が増加するに従い、神田上水からの水だけでは足りなくなった。しかも神田上水の水は京橋の一部までしか給水されておらず、それ以外の地域に住む人達が増えるにつれ、広い範囲で水の需要が高まっていた。そこで、承応元年（一六五二）、多摩川の水を江戸に引き込む構想が生まれ、玉川上水建設という壮大なプロジェクトが始まった。この建設に大きな役割を果たしたのが庄右衛門と清右衛門の兄弟で、後にその功績が認められ、「玉川」という苗字が与えられた。幕府側では、老中で川越藩主の松平信綱《まつだいらのぶつな》が総奉行を勤め、水道奉行には伊奈《いな》忠治《ただはる》が就任し、上水建設が行われた。

図8-14　羽村の取水堰（『羽邑臨視日記』1833年）（羽村市郷土博物館蔵）

玉川上水の江戸市中での用途は、①飲料水（生活用水）、②防火用水、③泉水《せんすい》用水（大名の庭園用）、④江戸城の濠用水、⑤下水用水（下水を流すもの）だった。特に、飲料水と泉水用水の役割が大きかった。同時に、火事の多い江戸だけに、防火用水としても重要だった。

玉川上水は、羽村《はむら》の取水堰で水を取り入れ（図8-14）、四谷大木戸まで全長四三キロメートルの間を素堀で水を引いた。その大工事を八ヶ月で完成させたと伝えられる。玉川上水の特徴は、羽村から四谷までの高低差がわずか九二メートルしかないことで、上水の流路を台地の尾根筋に通し、ほんのわずかな高低差を周到に利用し、水を自然流下させながら、この難題を解決した。

玉川上水は江戸に入ると分水され、「青山上水」、「三田上水」、「千川《せんがわ》上水」にも水を供給した。こうして江戸の水事情はよくなり、これを受けて大名屋敷のなかには池をもつ庭園が造営された。渋谷川と玉川上水の余り水を引き込んだ「新宿御苑」（高遠藩内藤家）、千川上水の水を利用した「六義園《りくぎえん》」（川越藩柳沢家）、玉川上水を利用した「吹上御苑《ふきあげぎょえん》」（徳川将軍家）、そして神田上水を利用した「小石川後楽園《こいしかわこうらくえん》」（水戸徳川家）などがその典型である（小林二〇〇九）。

図8-15　清水谷公園の上水遺構

千代田区の清水谷《しみずだに》公園に、堂々たる石の上水遺構が移設されている。昭和に入ってから、麴町《こうじまち》通りの拡張工事で見つかった、元々玉川上水の幹線に設置されていた石枡《いします》である（図8－15）。このような数段重ねた石枡に木《もく》樋《ひ》をつないで分水することで、江戸城内をはじめ、麴町や赤坂、虎ノ門などの武家屋敷、京橋川以南の町人地へ水が供給されるようになった。こうして京橋川の北が神田上水、南が玉川上水という配水区分ができた。

†世界でも稀有な土木遺産

玉川上水の開通による恩恵は、江戸市中のみか、武蔵野一体に広くもたらされた。元々、関東ローム層が被う武蔵野の台地は水が少なく、農業を営むのも困難で、住

図8-16　野火止用水

みづらい場所だった。そのため湧水の多い台地の崖線沿いばかりに人々の住む場所が集中していた。これが縄文時代からの武蔵野の特徴だった。ところが、玉川上水の開通によって、上水を分水する用水が数多く引かれ、新田開発が盛んになり、集落が発達した。

江戸の上水の建設記録がつづられた『上水記』（一七九一年）によると、羽村から四谷大木戸の間には三三ヶ所もの分水地点が示されており、玉川上水の水が広く行き渡っていたことがわかる（東京都水道歴史館二〇〇六）。なかでも重要なものとして、最初期につくられた「野《の》火《び》止《どめ》用水《ようすい》」が知られる。玉川上水開削を命じられた川越藩主の松平信綱が、自らの領地に用水を引き込むことを許され、飲み水や農業用水としてこの野火止用水を貫通させたのだ。これにより、水不足で畑作も困難だった地域で新田開発が盛んに行われるようになり、江戸の食料供給地としての発展を見た。今も野火止用水の周辺では、水辺に樹林が広がり、武蔵野の自然を受け継ぐ偉大な財産となっている（図8－16）。

人工的につくられたこの玉川上水が、谷を流れる自然の河川とは逆に、標高の高い分水嶺に沿って精密に設計された点が重要で、結果として東京の武蔵野には、地形と深く結びつく形で、水のインフラとしては台地の谷と同時に分水嶺を水が流れるという二重の構造が創り出されたことになる。これがまた水都江戸東京の大きな特徴であり、財産となったのである。

図8-17　玉川上水（鷹の台付近）
最も深く、雄大な眺めが楽しめる部分

武蔵野の台地を、地形を読みながら高度な技術を駆使して通され、多くの役割を担った玉川上水は、世界的に見ても稀有な土木施設といえる。上水施設としての偉大なる土木遺産であると同時に、長い年月を経て、その両側に樹木が育ち、水と緑の見事な環境軸になっている。様々な生き物が集まり、棲む場所でもある（図8－17）。いかにも武蔵野らしい雑木林と一体となった玉川上水沿いの心地よい緑道は、地元の人々にとって最高の散歩道であり、また小金井《こがねい》の上水沿いは、江戸時代から続く花見の名所として知られる。地元の人々からも愛され、玉川上水及びその分水網の調査、再評価の活動とその保存再生をめざす運動が早くから行われてきた。土木遺産であり、また水と緑の環境の素晴らしい財産でもあるこの玉川上水を世界遺産にしようという専門家、市民の活動が近年、盛り上がりを見せている。

†玉川上水と水循環都市

近年、この玉川上水が、また別の観点から大きな注目を浴びることになった。「外濠」の水の浄化という大きな課題との繫がりで、この上水に再び光が当てられたのだ。

都心の外濠がもつ価値の再発見とこの水環境の再生に向けた多彩な活動については、すでに第5章で触れた。もともとこの堀には、随所に湧水があり、雨水とともに重要な水の供給源だったが、戦後その多くが枯渇した。しかも、江戸時代には玉川上水から都心に送られた水の一部が外濠に導入され、水が循環する仕組みがあった。それが近代に途絶えたことも、外濠の水量が不足し水質が悪化する原因となったとされる。

江戸東京は本来、このように自然の恵みを最大限活かしながら、人間の知恵、技術によって創り出された「水循環都市」だった（図8-18）。そのような考え方が研究者の間で浮上し、第5章でも触れたが、法政大学も含む五つの大学が連携し、「水循環都市東京」と銘打ったリレー形式の連続シンポジウムが実現した（二〇一四〜一五年）。

そのなかでも主役の座を占めたのは、江戸の高度な土木技術が生んだ世界に誇る「玉川上

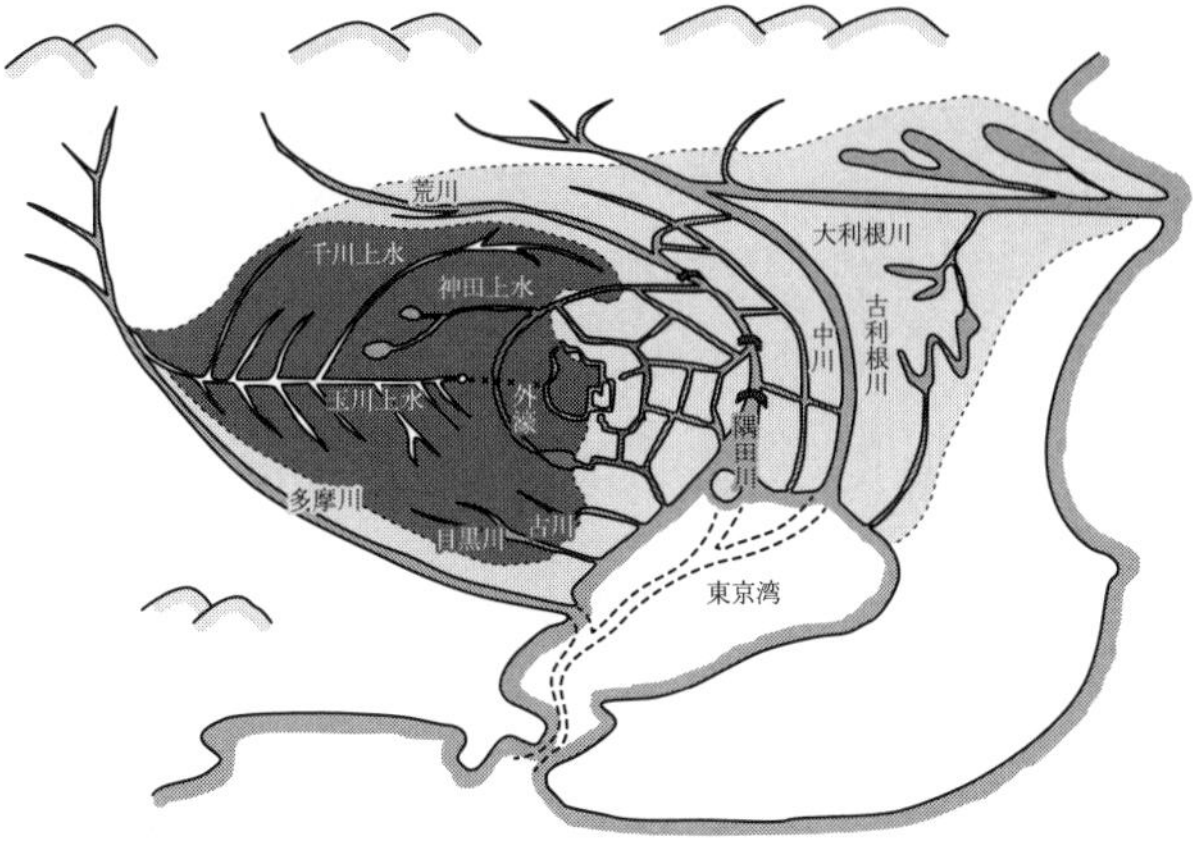

図8-18　江戸水系図（神谷博氏の図をもとに作成）

水」である。しかも、このシンポジウムではそれを広く玉川上水系としてとらえ、〈玉川上水・分水網・外濠・日本橋川〉という水循環の仕組みを再評価し、その本来の機能を蘇らせることを目指した。かつて玉川上水の水が外濠に入ることにより水量が保証され、水質が保たれてきた。それをまた復活させることで、外濠を蘇らせようという構想である。外濠をきれいにすることで、下流の「日本橋川」も蘇る。夢のあるプロジェクトが近年、実現に向けて大きく動きつつある。

この間、様々な視点から調査研究が深められ、また、〈玉川上水・分水網・外濠・日本橋川〉の各地域で活動する方々が一堂に会する刺激的なシンポジウムが幾度も実現した。

これらの活動をもとに、二〇一九年九月、外濠に面する法政大学、中央大学、東京理科大学の総長・学長の連名で、法政大学田中優子総長の手から小池百合子東京都知事に「外濠・日本橋川の水質浄化と玉川上水・分水網の保全再生について」という政策提言が渡され、話題になった。こうした働きかけの効果もあり、二〇一九年一二月、東京都は二〇四〇年までの都政の基本方針として策定を進めている長期計画に、「玉川上水」を活用した外濠浄化事業を盛り込む方針を発表した(「水の都へ 玉川上水復活」『読売新聞』二〇一九年一二月二六日)。これが実現すれば、水都東京の復活に大きな前進となる。

†武蔵野の多種多様な川の姿

水の視点から武蔵野を見るのに、まず井の頭池と神田川(上水)を取り上げ、次に、外濠とも本来繋がっていた幕府による大規模土木工事でつくられた玉川上水を見てきた。玉川上水は完全に人工的な水路で、わずかな勾配を活かし遠方まで水を運び、しかも分水を可能にするため、高台の分水嶺に沿って巧みにルートが決定されていた。

それに対し、自然地形と密接に結びついて低地を流れる河川群が東京の骨格を古くからつくり上げてきた。東京の河川は、大きく分けると利根川、荒川、隅田川、多摩川といった大きな河川と、武蔵野台地の途中、湧水が生む池が水源となって流れ出て、江戸東京の都心部を潤し、東京湾に流れ込む神田川を代表とする中河川、そして、網目のように流れこれらの中河川に注ぎ込む小河川からなる。

東京の小河川の多くは、高度成長の時代に、下水道に転換させるため蓋をされ、姿を消したものが多い。「春の小川はさらさら行くよ」と歌った『春の小川』のモデルとして知られる「河骨川《こうほねがわ》」も暗渠となって渋谷川の支流、宇田川《うだがわ》に流れ込む。また、明治神宮の清正《きよまさ》の井戸を源とする池から流れ出た小川が原宿の竹下通りの裏手を巡り渋谷川に合流するが、やはり暗渠化され、そこが雰囲気のある「ブラームスの小径」として人気を集めている。渋谷川そのものも原宿では暗渠となったが、逆に、その不思議な魅力が「キャットストリート」としての賑わいを生んでいる。こうした川筋の形状記憶が市街地に数多く刻印されているのも、東京の都市空間の一つの個性となっている（田原二〇一一）。

それにしても、今なお、東京には武蔵野から都心にかけて、中規模な河川が多く流れ、各地で少しずつ蘇りを見せている。自然を取り戻そうとする市民の思いと行政による治水工事の取り組みとがそれを後押ししてきた。

本来なら都市近郊に広がる農地・空地が、一気に降った雨水を一時的に貯める遊水地の役割をもっていたが、それらが戦後に市街化されたことによって地面への浸透が減少し、大量の雨が河川に短時間に流れ込み、水害をより頻繁に引き起こす原因になった。それに対し、行政側の行う大がかりな治水対策としては川幅の拡幅、川底の掘削といった河道整備があるが、それが困難な場所では、洪水の一部を貯留する調整池や洪水の一部を別のルートに分けて流す分水路を整備し、かなり人工的な土木技術を駆使して、水害から守るための努力を重ねてきた。自然の生態系へのダメージ、湧水の枯渇など心配な面もあるが、水害の軽減に効果を示してきたのは事実だろう。

たとえば、神田川沿いの、目白台地の崖下から江戸川橋に至る緑に包まれた水辺のプロムナードと公園は実に気持ちよく、人々の散歩ルートとして人気がある。その背後の道路下には複数の分水路が整備されている。一方、目黒川沿いでは、治水事業として大きな二つの調整池を建設しつつ、川の周辺での水辺整備を進めてイメージ転換に成功した。かつては町工場などもあった中目黒の河畔は、古い建物を活用した洒落たレストラン、店舗などが増え、今ではファッショナブルな現代建築の商業施設も多く登場し、花見の時期のみか、常に多くの若者、女性を惹き付けるスポットとして賑わっている。

だが近年は、気候変動がもたらす予測を超える集中豪雨が増加し、それに伴う水害が全国で発生している。そのような状況において、これからは安全性を確保しながら、水辺の魅力ある空間づくり、環境整備に知恵を働かせながら取り組むことがますます求められるだろう。

第 9 章

多摩——日野・国分寺・国立

湧水のある聖地、谷保天満宮(鈴木知之撮影)

1 「水の郷」の発見

†「水の郷」日野との出会い

我々日本人を取り巻く社会や経済、そして暮らしの在り方は、この二、三〇年の間に大きく変化した。成熟社会を迎え、ゆとりや個性を求める多くの人々が、身のまわりの風景や環境、地域の生活文化により目を向けるようになってきたのである。

本書にも何度か登場しているが、私が勤務していた法政大学エコ地域デザイン研究所（以下、法政エコ研と略す）では、東京の水辺空間を再発見し、現代に活かす研究を進めるなかで、幸いにも「水の郷」日野と出会った。私がここを初めて訪ねたのは、二〇〇六年のことだった。

環境の分野で先進地域として知られる日野は、川に囲まれ、崖線に湧水を多くもち、用水路が縦横にめぐる豊かな田園風景を維持し、都心からわずか三五キロメートルの位置に、長い歴史を背景とする生活に深く根ざした「農ある風景」を様々な形で存続させてきた。ここでは、かつてどこにでもあった風景が、今や住民にとっても、来訪者にとっても、実に貴重な環境と文化の資産になっている。

戦後の近代化を推進する開発志向のなかで、都市周辺の農業は痛めつけられ、農地が急速に失われた。しかし現在、時代は転換点を迎えている。日本の人口は急速に減少に向かい、高齢化も進む。都市は縮小するともいわれる。自然環境を大切にし、地産地消の自立した地域を目指す動きも各地で広がってきており、暮らしを大切にするイタリアで生まれたスローフード、スローシティの考え方が、世界の人々の心をとらえている。

法政エコ研は、この日野の土地がもっている大きな可能性、貴重な資産を様々な角度から掘り起こし、魅力を描き、「農ある風景」を活かした今後の「水の郷」の地域づくりの道標《みちしるべ》を得るような研究を、地元の市民、専門家、自治体の方々と一緒に長い期間にわたって繰り広げてきた。地形の骨格、風景の構造、人々の生業、暮らしや市民活動まで、歴史軸と空間軸を結んで地域の成り立ちを描き出す作業に取り組み、その成果は日野市と法政大学の連携事業（二〇〇九―二〇一一年）の成果として刊行された（法政大学エコ地域デザイン研究所二〇一〇）。

私に日野との出合いの機会を与えてくれたのは、この研究所のメンバーで、すでに日野に深く入って、地元の方々と環境に関する様々な活動に取り組み、自身の研究にも繋げていた長野浩子氏だった。彼女は、学生時代に建築を学び、設計事務所で働いた後、環境の分野に自分の新境地を開くため、社会人学生として高い意識をもって学び直し、精力的に活動していた。彼女が地元の人達との間に築き上げた信頼関係、ネットワークをベースにして、法政エコ研として日野の研究プロジェクトを本格的に進めることができたのだ(長野二〇一七)。

†日野研究を後押しした背景

私が日野に惚れ込み、研究テーマとして大きな価値があると確信しえたのには、幾つかの背景があった。

まずは、第7章ですでに見たような自分自身の原風景との関係である。江戸の近郊農村にルーツをもち、近代の東京の郊外住宅地となった杉並の成宗では、前回の東京オリンピック(一九六四年)の直前あたりから、急速に田園風景が失われた。広大な田んぼは、東京でも最も早い時期の郊外型団地の一つである阿佐ヶ谷住宅に置き換わり、周辺の藪、原っぱ、溜池、墓地などは姿を消した。原風景は見え隠れするだけの状態になった。

一方、多摩地域に位置する日野でも、ニュータウン、団地の大規模な建設が行われ、その結果、田園風景がだいぶ失われた。しかし、都心から離れている分、水田も含め農地が比較的よく継承されてきた。このように私自身の原風景とおおいに重なるという実感をもてたことは大きく、この「農ある風景」の価値を掘り下げ、研究してみたいと考えた(農業の営みを継続していくことの難しさを後で色々と教わり、共に議論していくことになるが)。

それと同時に、「水の郷」と言われる日野には、近世の早い時期から灌漑用の用水路が網目のように引かれ、その多くが今なお田園の面影をもつ風景を形づくっている。水田が宅地に転じた場所でも、水の流れが土地の価値を高めている。東京の下町が掘割の巡る「水の都市」だったのと似て、多摩のこの一角には用水路が網目状に巡る「水の地域」が継承されている。水辺空間の再評価・再生の論理の構築にこだわる我がエコ研のテーマとして、ぴったりだと思えた。

†「スローフード運動」との共通点

ところで、日野の「農ある風景」の価値発見を後押ししてくれたのも、やはりイタリアでの体験だった。この国で一九八〇年代末に「スローフード運動」が誕生したのは偶然ではなく、そこには必然性があった。イタリアは都市の国であり、歴史の国である。その特徴を活かし、一九七〇年代、歴史的都市の保存・再生を意欲的に進め、一九八〇年代、イタリアの中小の都市は魅力をアップし、文化を発信し始めた。また個性豊かな創造性が求められるファッション、デザインの領域でイタリア人の底力が発揮され、それを生む環境として、中小規模の人間的なスケールをもつ都市が格好の舞台となった。そして保存・再生で価値を高めた建築、都市空間が、近代の画一的な都市よりはるかに魅力があることが実証された。

大都市中心でなく、中小の都市が主役になったことで、その周辺の田園との関係も自ずと意識されるようになった。もともとイタリアでは、中世、ルネサンス以来、都市と田園の間には相互に支え合う有機的な結びつきが強かった。田園の豊かさが美意識も含め、イタリアの底力の秘密でもあったのだ。だがその後、近代の工業化、都市化の流れのなかで、農業が軽視され、農地が放棄され、農村が疲弊する現象が日本と同様、顕著に見られるようになった。

しかし、時代は変化した。その文明の転換の流れをいち早く察知し、各地の中小都市が輝きを取り戻した一九八〇年代、田園の見直しも同時に始まった。田園の風景を守る「景観法」と農村の再生を後押しする「アグリトゥリズモ法」が図らずも同じ一九八五年に制定され、農村、田園への関心が急速に高まったのだ。歴史的都市を研究し、その特徴と魅力を解き明かし、再生する方法を探求してきた建築、都市計画の専門家達は、都市の周辺に広がる〈テリトーリオ〉（地域、領域）に大きな関心を向けた。そして従来からあったこの〈テリトーリオ〉という言葉に新たな意味合いを与え、積極的に使い、その価値を掘り起こす研究と実践に熱心に取り組むようになった。

このように、ターニングポイントは一九八〇年代にあった。日本でも近年、耳にするようになってきた「文化的景観」（paesaggio culturale）という言葉が、イタリアでこの頃から広く使われるようになり、実は価値のある歴史をもった都市に加え、人間の手が入ってでき上がっている田園、農村の景観にも同様に価値が見出されるようになった。ローマ大学の都市計画を専門とする友人、パオラ・ファリーニ教授はこの道の第一人者で、アッシジ、そしてオルチャ渓谷のテリトーリオの価値を地元の人達と一緒に研究し、都市だけでなくその周辺に広がる田園風景、農業景観の世界遺産登録を見事に実現させてきた（ファリーニ・植田一九九八）。何でもないような田園風景が世界遺産になったのだ。このことは、時代の転換をよく示している。

彼女に是非にと勧められ、私もオルチャ渓谷の調査に研究室の面々と一緒に取り組んできた。そして、こうしたイタリアの動きと呼応する感触も持ちながら、東京の郊外研究を進めていた。そんな私にとって、本物の田園風景がまだ受け継がれている日野との出会いは決定的だった。日野では、水田をはじめ農地がやはり失われ、現実的には農地と宅地がまだらに混じり合った風景に転じつつあるが、現地を一緒に視察したファリーニ教授は、好奇心を大いに示し、これこそ本当の意味での「田園都市」だと高い評価を与えてくれた。

†〈歴史〉と〈エコロジー〉を結びつける

我が国でも、早くから田園の農業景観の重要性を訴える動きがあり、進士五十八《しんじいそや》が一九九四年に「ルーラル・ランドスケープ」という言葉を掲げ、「農に学ぶ都市環境づくり」を提唱した（進士ほか一九九四）。その魅力ある考え方に、私もおおいに共感を覚えた。

愛媛県内子町《うちこちょう》は、町並み保存の先進地の一つとして知られるが、次のステップとして、進士の指導のもと、「村並み」という言葉を編み出し、田園の価値をいち早く発見し、農村景観を守り育てる活動を継続的に展開してきた。二〇年ぶりに先日、その舞台である石畳《いしだたみ》という村を再訪し、大きな成果をあげているのに感銘を受けた。早くから実現していた農家民宿に加え、あちこちの小さな谷間には棚田が保全され、幾つもの屋根付きの木造橋が風景を彩り、また村の奥まった所では渓流を活かし、三基の水車の小屋が復元されていた。この村並み、ルーラル・ランドスケープは、まさにイタリアやフランスから始まった「文化的景観」と同じような発想に基づくものだった。

日野では、水の環境問題に取り組む先進地だけあり、川、用水路、湧水、地下水などへの関心が早くから広がり、清流条例（一九七六年）、河川整備構想（一九八七年）、水辺環境整備基本計画（一九九一年）などの策定が着々となされてきた。だが、こんなに価値ある田園風景が受け継がれているのに、意外にも、その全体を捉える視点に欠けていた。そこで我々は、まさに都市を読む方法を広げて応用し、ルーラル・ランドスケープの発想も取り入れ、日野というテリトーリオ（地域）の風景を読むという作業に取り組んだのである。自然条件／地形としての〈台地〉〈丘陵地〉〈湧水〉〈川〉に加え、人間が手を加えて生まれた〈用水〉〈古道〉〈街道〉〈寺社〉〈集落〉〈遺跡〉〈農地〉などが次々とキーワードとして登場してきた。

実は、日野では従来、水路や湧水に関心がある人達は一般に、神社や集落や遺跡には興味をもっていなかった。また団地の開発などが続いたので、発掘調査の成果はたくさん蓄積されていても、教育委員会のなかに留まりがちで、地域形成のプロセスを理解するのに十分には活かされていなかった。古民家や歴史的建造物への関心と水路、湧水とは繋がっていなかったのだ。市民も行政も研究者も、いずれも水や緑の〈エコロジー〉系と〈歴史〉系とで関心を持つ人が大きく分かれ、ほとんど協同する機会もなかった。

それは、日本のどこでも同じ状態だった。二〇〇三年に設立されて以来、法政大学エコ地域デザイン研究所は、その反省に立って、〈歴史〉と〈エコロジー〉を結びつけて研究しようという方針を掲げ、活動を展開してきた。そのため日野の調査・研究では、その経験を大いに活かすことができた。地元の色々な分野の専門家、知恵者が集まり、様々なテーマで勉強会を積み上げ、日野の全体像が浮かび上がっていった。農業用水、用水路については、ライフワークとして全国の調査を経験し日野にも詳しい渡部《わたべ》一二《かずじ》氏、考古学の発掘成果については郷土資料館の中山弘樹氏、生態系及び市民活動については日野市在住で東京農工大学教授だった小倉紀雄氏から色々なご教示をいただいた。また日野の水循環を改善するために戦っていた「浅川勉強会」の山本由美子氏をはじめとする熱心な市民の方々からも、実に多くを教えていただいた。

2　日野を読む

†地形・湧水・遺跡から読む地域構造

日野は地形の変化に富む東京の縮図ともいえる、実に興味深い所である。市の西部にあるローム層が厚く堆積した「日野台地」を挟む形で、東西に「多摩川」と「浅川《あさかわ》」が流れ、市の東部で合流する。その二本の河川が運んだ土砂の堆積作用でできた「沖積地」が東側に広がり、台地の縁には河岸段丘の崖線が形成されている。浅川の南の複雑な谷の入り組んだ「多摩丘陵」も、かつては台地のように平坦だったが、何十万年という長い時間をかけて流水の浸食を受け、尾根と谷からなる地形となった。

これまで、東京の山の手でも武蔵野でも、〈水〉が重要であることを繰り返し述べてきた。この日野にあっては、その湧水が今も随所でふんだんに見られ、豊かな環境を生んでいるのに驚かされる。日野市全体の地形と水系を重ねた図を作成してみると、台地の崖線や丘陵地の裾部に、今も湧水が数多く分布することが確認でき（図9－1）、台地は〈崖線タイプ〉、丘陵地は〈谷頭タイプ〉の湧水に分類できる。一九五五年頃までは、平地にも湧水が多く存在してい

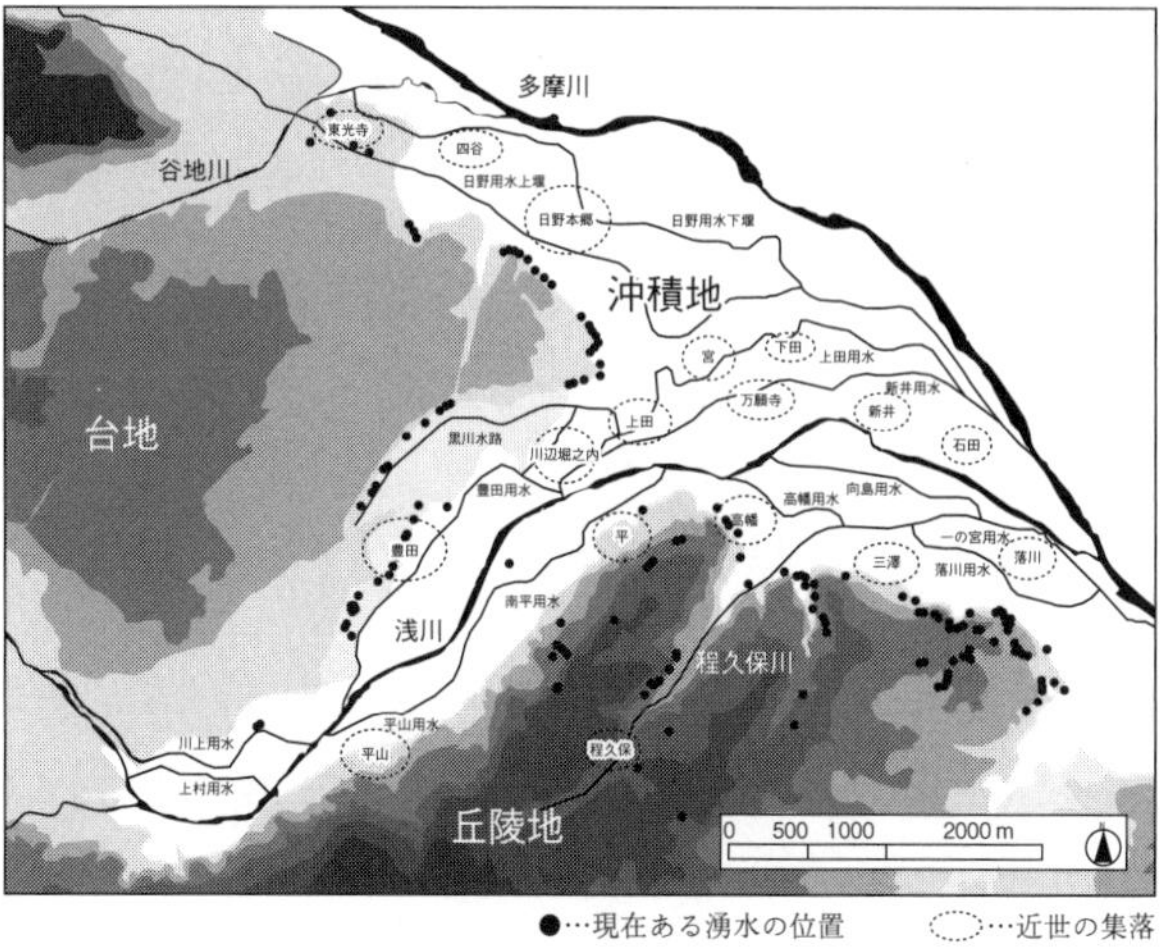

図 9-1　日野の地形と水系（法政大学 2010 をもとに作成）

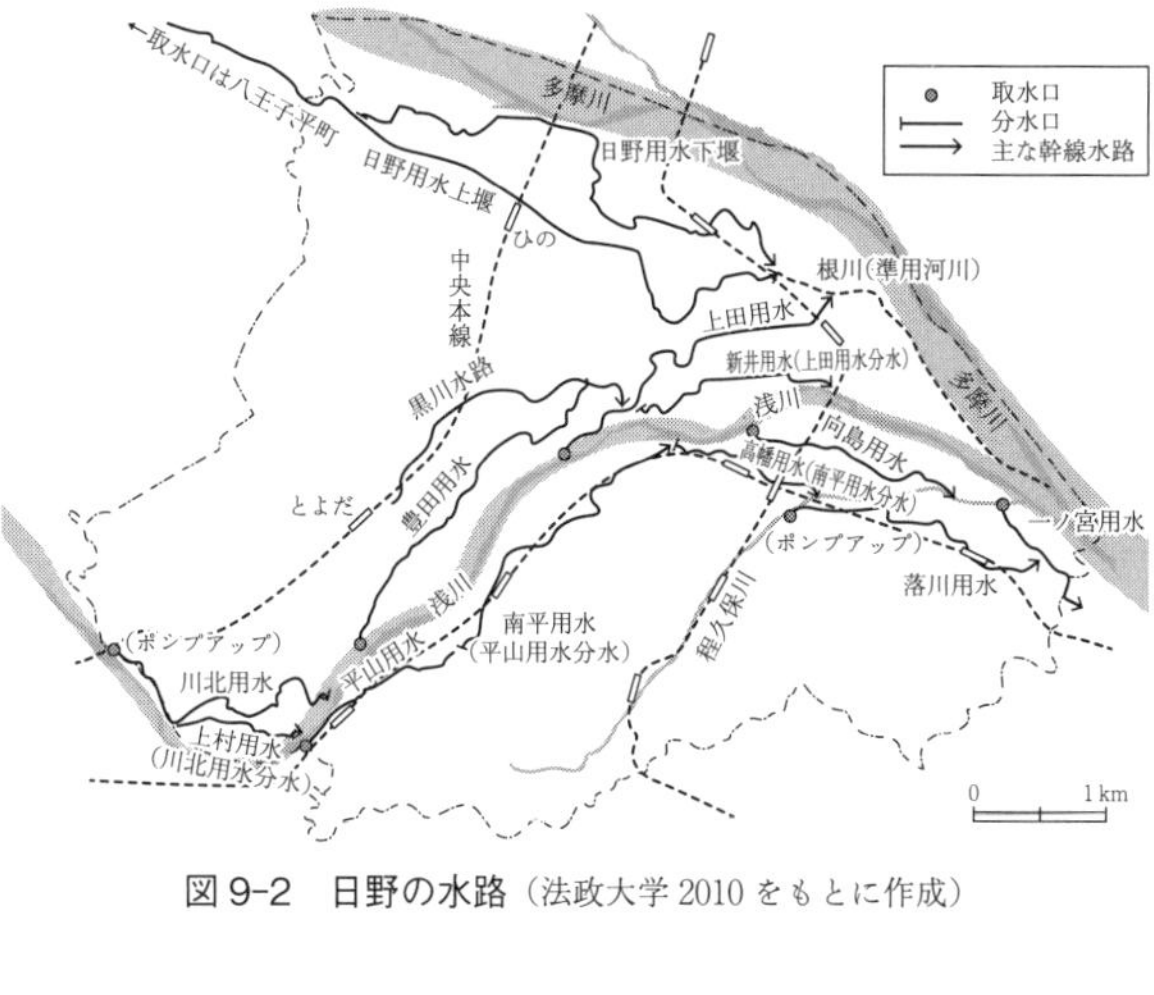

図 9-2　日野の水路（法政大学 2010 をもとに作成）

たという。浅川近くのある中学校では今も地下水が自噴し、その水を活かして校庭にビオトープが整備されている。

この地形と湧水分布図に縄文、弥生、古墳時代の遺跡の分布を重ねると興味深い結果が浮かび上がる。当然のこととして、台地の崖線や丘陵地の裾部の湧水のあるところの周辺に人々が古くから住んできたことが知られる。

日野の用水路の大半は、近世の江戸時代に実現した土木工事の偉大なる産物だ。しかし、その最初にこの地に登場した「日野用水」は、江戸に幕府がつくられる以前の永禄一〇年（一五六七）という極めて早い段階で実現していた。

それを皮切りに、江戸時代には浅川や多摩川から取水して数多くの用水路がつくられた（図9-2）。沖積地全体に網目状に巡らされた用水路群は、それまでの未開拓地に豊かな農地を生み出し、微高地に農村集落が幾つも形成されたのである。

だが日野では、それ以前の中世から豊かな湧水を活かし、小規模に農耕が行われ、集落が存在していたようである。浅川の南に広がる丘陵地での例を見よう。京王線に平山城址《ひらやまじょうし》公園駅という名前の駅がある。平山という名のこの地域は、中世から重要な場所だった。鎌倉幕府の成立に貢献した平山季重《ひらやますえしげ》をはじめとする平山氏の本拠地で、多摩丘陵の緑のなかにある「平山城跡」も、季重を祀った神社もそのゆかりの土地とされる。丘陵のやや浅川寄りにある「宗印《そういん》

図 9-3　平山地区と平山用水（法政大学 2010 をもとに作成）

寺《じ》」は、寛永年間の開山だが、その前身として「安行寺無量院《あんぎょうじむりょういん》」があり、平山氏の菩《ぼ》提寺《だいじ》だったともいわれる。

多摩丘陵にあるこの平山では、明治時代初期の公図を見ても、等高線に対し垂直に流れる沢が幾筋も確認できる。川から取水する用水路が登場する以前から、宗印寺周辺の豊かな湧水からの沢の水を使い、農家の生活用水や棚田、畑に古くから利用されてきた。江戸時代になると、浅川から取水する「平山用水」が開削され、もっぱら沖積地の水田に給水された（図9-3）。平山ではこうして、江戸時代以後、この二種類の水路が集落の暮らしを支えてきたのだ（石渡二〇一〇）。

丘陵地の麓には今も沢の水流があり、周辺には古道に沿って、地蔵や古い集落がある。一方、平山用水に沿って歩くと、多くの農地が残り、地元で採れた野菜を使ったレストランやパン屋があって、地産地消で食事を楽しめる。

台地の湧水を水源とする用水路

次に浅川の対岸の日野台地に目を向けよう。南に開ける恵まれた段丘面に、地形に対応するように集落が分布している（図9-4）。中央線の豊田《とよだ》駅から歩いてみたい。このあたりは、段々状の地形をもつ河岸段丘で、三つの平坦な面からなる。台地の面を上段面、その下に広が

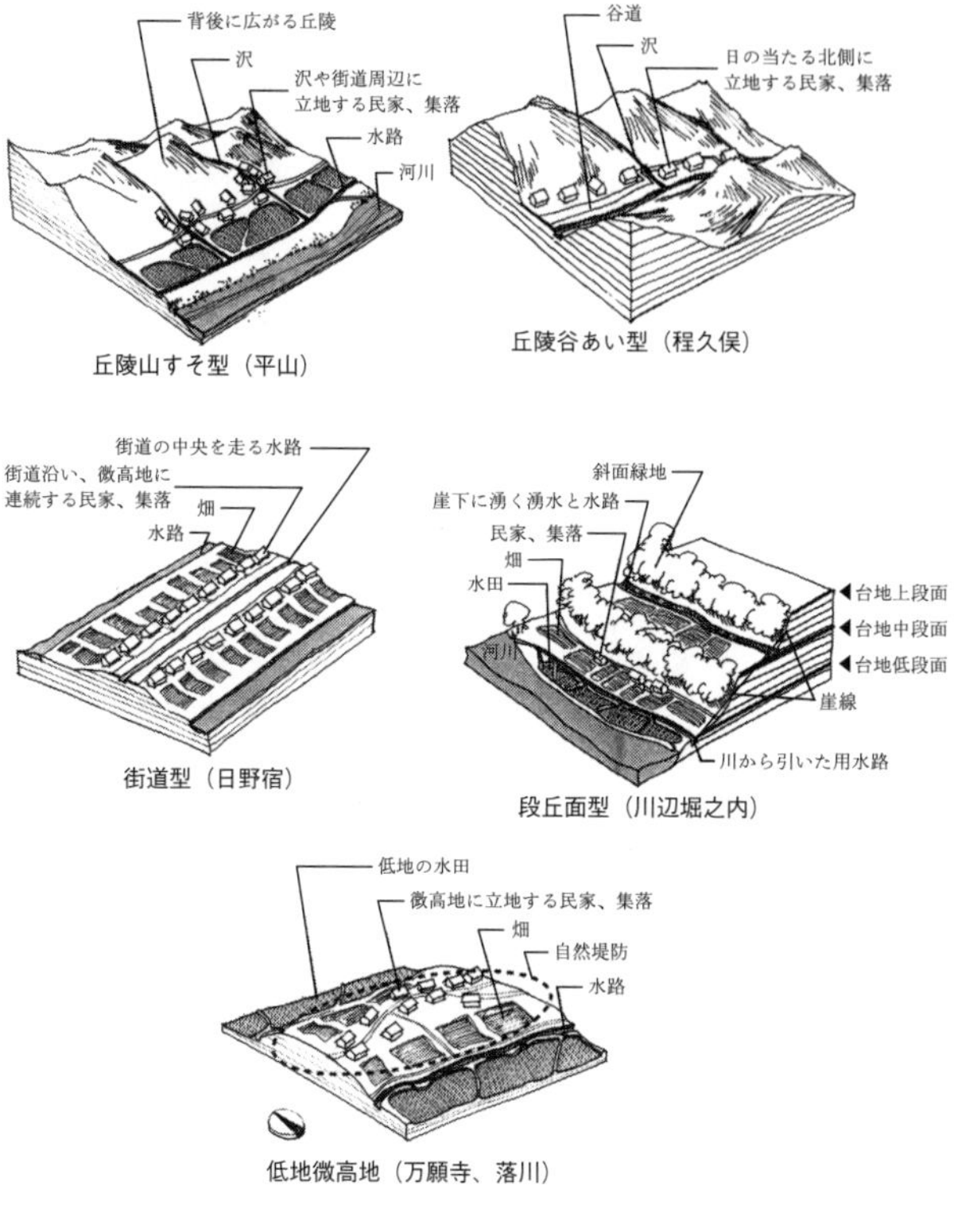

図 9-4　日野における地形と集落立地のタイプ（氏家健太郎作成）

る段丘面を上から中段面、下段面と呼ぶことにすると、豊田駅は中段面に位置する。北東に少し歩くと、上段面と中段面の境界にさしかかり、そこに圧倒的な緑を誇る美しい崖線が登場する。東西に六〇〇メートルも続くその緑の見事な連なりは「黒川清流公園」と呼ばれる。その崖線の湧水群は、日野の湧水でも最も水量が多く、「黒川水路」となって流れる。この水路は、湧水を水源とする市内唯一の用水路で、他の川から取水する用水路にはすべて「用水」と名がついているのに対し、ここだけが「水路」と呼ばれ、平安時代からの古い用水路と伝えられている。崖線周辺の水を得られるこの周辺には古代から人々が住み始め、発掘調査では横穴墓《よこあなぼ》や遺物が多く発見されているという。

一九六〇年代後半に始まった市民の活動が「日野の自然を守る会」の結成に繋がり、都や市への崖線の緑地保存の働きかけが実って、一九七五年に約六ヘクタールを保存緑地として指定することができた。市民の力で水が汚染された状態を克服し、現在の「黒川清流公園」を実現したのだ。この湧水群は、東京の名湧水五七選にも選ばれ、わさびの栽培にも利用されている。豊富な湧水を集めた黒川水路の水は、川辺《かわべ》堀之《ほりの》内《うち》という古い集落へと流れ、「豊田用水」へ流入する。

†川から取水する近世の用水路

図9-5　豊田用水沿いの邸宅（石渡雄士撮影）

次に、土木技術が発達した江戸時代の典型的な用水路である「豊田用水」を見てみよう。ここでは川から取水して田園を流れ、灌漑用水、飲料水、生活用水として使われた後、再び下流域で川に戻されるという、用水路の典型的な仕組みが観察できる。豊田用水は、浅川左岸の平山橋付近で取水しており、水門の開閉は用水組合が今も行う。水は段丘の下の低地を地形に沿うように東に流れ、見所の一つ、川辺堀之内を抜けて、「上田用水」に合流し、その下流で浅川に排水される。

途中、黒川水路や崖線の湧水が流れ込む。また水路沿いやその周辺には、豊かな田園風景の名残が点在する。崖線下の「自《じ》噴《ふん》井《い》戸《ど》」による池をもつ戦中の別荘建築、豪農の邸宅、河原の玉石を積んだ石垣と生け垣などが目を引く（図9－5）。

注目は、豊田用水から少し台地側に潜む日野市立中央図書館下の湧水群だ。ここも東京の名湧水五七選に選ばれている。その湧水のある崖のすぐ上に「八幡神社」が鎮座する（図9－6）。湧水が聖域を生んだ例の一つだ。

図 9-6　中央図書館下の八幡神社と湧水

豊富な水量をもつこの湧水は、古来、人々にとって恵みの水であった。緑に包まれた神社の建立は、清水を守る証でもある。このイメージ豊かな緑の高台に、一九七〇年代前半、品格のある図書館がつくられた。また湧水が集まった小さな水路は豊田用水に流れ込む。

豊田から川辺堀之内に抜ける用水路沿いに昔ながらの小道があり、「トトロの道」と呼ばれている。このあたりで台地が南へ迫り出し、豊田用水は大きく蛇行する。その台地の鬱蒼とした樹林に埋もれて「川辺堀之内城跡」がある。中世の豪族の居館があったと推測されている。

少し用水路を東に行くと、台地の南側の段丘面に発達した典型的な農村風景を見ることができる。古くからある立派な屋敷は、水が湧く条件のよい崖の下に並ぶ。屋敷の裏手は、今も雑木林の斜面緑地となっている。一方、集落から少しはずれた低地には、田んぼが一面に広がる。古い道沿いには、地蔵や大きな樹木があり、かつての農村風景の面影を伝える。かつて野菜や食器を洗い洗濯にも使われた洗い場も、随所に残っている。だが、この農村風景をよく留めてきた川辺堀之内も、広い道路の貫通に伴う大規模な区画整理事業の進展で、近年大きくその姿を変えつつあるのが、残念だ。

川辺堀之内の浅川沿いに、もう一つの重要な「上田用水」の取水口がある。その浅川の土手のすぐ内側に、江戸時代初期、川辺堀之内の村の創設にあたって建立されたと伝えられる「日枝神社」の境内がある。川を背に配置された本殿の背後に、市の天然記念物である樹齢三〇〇年以上と推定されるムクノキが高くそびえ、水辺の神域の象徴となっている。神社の陸側にある「延命寺《えんめいじ》」は、一五世紀の板碑が残されていることから、神社より古いと思われる。

†最古の用水路「日野用水」

最後に、川から取水する最古の用水路、「日野用水」に少し触れておこう。日野宿《ひのじゅく》は、江戸幕府のもと、慶長一〇年（一六〇五）に内藤新宿からの甲州道中五番目の宿場町となった。今も受け継がれる「日野宿本陣」は、幕末の火災後に再建されたもので、都内で唯一残る江戸時代の本陣建物として希少価値をもつ。近代化で建替えが進み旧宿場町の面影は薄れたとはいえ、街道に対して間口が狭く、奥行きの長い敷地割りは見事に継承されている。蔵と路地（あいの道）が宿場町の記憶を物語る。

実は、日野用水は、この宿場町の登場よりだいぶ早い永禄一〇年（一五六七）、北条氏照《ほうじょううじてる》の助力を得て、美濃から移住した武士の佐藤隼人《さとうはやと》が開削したと伝えられる。多摩川から取水する日野用水上堰《かみぜき》と下堰《しもぜき》の二つの幹線用水が、それぞれ地形を読みながら開削され、役割を分担しながら広域に水を配った。日野の宿場町では、その南に上堰が、北に下堰が流れ、飲料水や生活用水として宿場の営みを支える基盤になった。同時に周辺農地への灌漑用水として重要な役割を果たした。

日野宿は、慶長年間に甲州街道の宿場町になったが、実はそれ以前から周辺に存在した旧本《きゅうほん》宿《じゅく》、姥久保《うばくぼ》といった集落から神社や寺院を移転させながら、やはり北条氏照によって一五七〇年頃、屋敷割りが実施され、宿場が整備されたと伝えられる。こうして日野用水上堰と下堰の流れの間に日野宿の原型が誕生した。それが後に、幕府の手で甲州街道の宿場町となるのである。

上堰も下堰も、今なお水路の流れをよく受け継いでいる。上堰のJR日野駅に近い大昌寺《だいしょうじ》周辺に暗渠化した部分があったが、「日野宿再生計画」によって開渠となり、親水スペースを実現している。

†「用水まち歩きマップ」と「水辺のある風景日野50選プロジェクト」

水環境の先進地だけあり、日野の市民、行政は熱心だ。『水の郷 日野』の本が刊行された後、法政エコ研と日野市環境共生部緑と清流課との協同で、「日野塾」と銘打った勉強会が生まれ、大勢の市民が参加し、学生の応援も得て、ワークショップの形式で色々な活動が楽しく展開された。その最大の成果は、「水の郷 日野エコミュージアムマップ」と称する「用水まち歩きマップ」の作成で、実際に皆で用水路沿いとそのまわりを歩き、観察し、文献も調べながら、情報満載で魅力的な手づくりの用水マップができあがった。「豊田用水」、「平山・南平用水」、「向島用水」がまず完成し、好評を得たので、「日野用水」も追加して作成された。ここまで述べてきた日野の各用水沿いの解説にも、『水の郷 日野』の本づくりとともに、「用水まち歩きマップ」作成の際に得られた成果が大いに反映されている。

その後の様々な活動のなかでも、日野の水辺の凄さ、多彩さを強く再認識させられたのは、「水辺のある風景日野50選プロジェクト」(二〇一三〜一四年)だった。キックオフフォーラム「日野の宝、守るべき水辺とは」から始まり、そのフォーラム参加者、水辺に関心のある市民、行政職員、法政エコ研メンバーにより、水辺50選ワーキンググループが結成され、水辺の選定を進めた。市民が大事だと思う水辺の募集を行い、ワークショップを重ね、様々に工夫しながら、八四ヶ所の応募を得た。その結果を、日野市政五〇周年記念イベントで展示し、集まった市民のアンケートを実施。それを参考にしつつ、ワーキンググループが最終決定をした。その成果が魅力的な小冊子『水都日野　みず・くらし・まち』にまとまっている（法政大学エコ地域デザイン研究所二〇一四）。日野の水辺曼荼羅《まんだら》といった感がある。

様々な水の要素に注目しながら、幾つかピックアップして紹介しよう。区画整理事業の際に市民の働きかけで公園に田んぼがつくられ、素堀水路も残し、農家の協力で小学生が米作りを行っている「よそう森公園」。用水の取水口である「平堰《たいらぜき》――日野用水の源」。昭和まで五〇基の水車があった日野の記憶を語り継ぐ「水車堀公園」。上堰と下堰の合流点で、かつて富士山詣の出発前に身を清めた「精進場（禊の水辺）」。「多摩川――悠久の時が流れる水辺」。「ハケ（崖）下の別荘」。敷地裏のハケ下からこんこんと湧く水で野菜などを洗った「カワド（洗い場）のある家」。明治の一時期、豊富な地下水を利用してビールも作った「用水沿いの黒塀の家」。「こだわりの橋の架かる水路」。「東豊田の田んぼと水路のある風景」。「平山用水ふれあい水辺」。「南平の田んぼのある風景」。「自噴井《じふんせい》のある家」。「七生《ななお》中学校自噴井――生きものを育む水辺」。「学校農園・ビオトープ――命を学ぶ水辺」。平山用水の上を丘陵地からの沢水が交差する「用水の分水・立体交差――巧みな水路システム」。「向島用水親水路――生きものにやさしい水辺」。「新井の微高地を流れる用水」。雑木林と湧水があり、蛍が生息する「真堂《しんどう》が谷戸《やと》」。「三沢の小さな棚田」。「程久保川《ほどくぼがわ》源流」等々。

どれも自然と人間の対話のなかから創り出された見事な水の空間であり、文化的景観である。

日野の水辺の素晴らしさを市民自身が再認識するのに格好のイベントとなった。

3　国分寺崖線と湧水

「お鷹の道」の湧水群との出会い

私が二〇〇六年に日野と出会う前、そして二〇〇三年に法政エコ研が創立されるよりも前の一九九〇年代の終盤に、初めて訪ねて感銘を受けたのが、国分寺本村《ほんむら》の、通称「お鷹の道」と呼ばれる「国分寺崖線」の湧水のある水辺空間だった。このあたりが、尾張徳川家の御鷹場《おたかば》に指定されていたことから「お鷹の道」と名付けられたという。

その頃、前章で述べた通り、私は武蔵野の近郊住宅地にも、江戸の都市を読む以上に面白い空間のコンテクストがあるはずだと考え、「郊外の地域学」と命名し、法政陣内研究室の学生達とフィールド調査を行っていた。研究室のサルデーニャ調査の経験を活かし、東京郊外の調査を牽引した柳瀬《やなせ》有志《ゆうじ》がこの場所の価値に気づき、調査を始めたと記憶する。

象徴的な「真姿《ますがた》の池」をはじめとするこの崖線下の湧水群は、それが生み出す水路沿いの「お鷹の道」と合わせた環境の良さが早くから評価され、一九八五年（昭和六〇）に、すでに

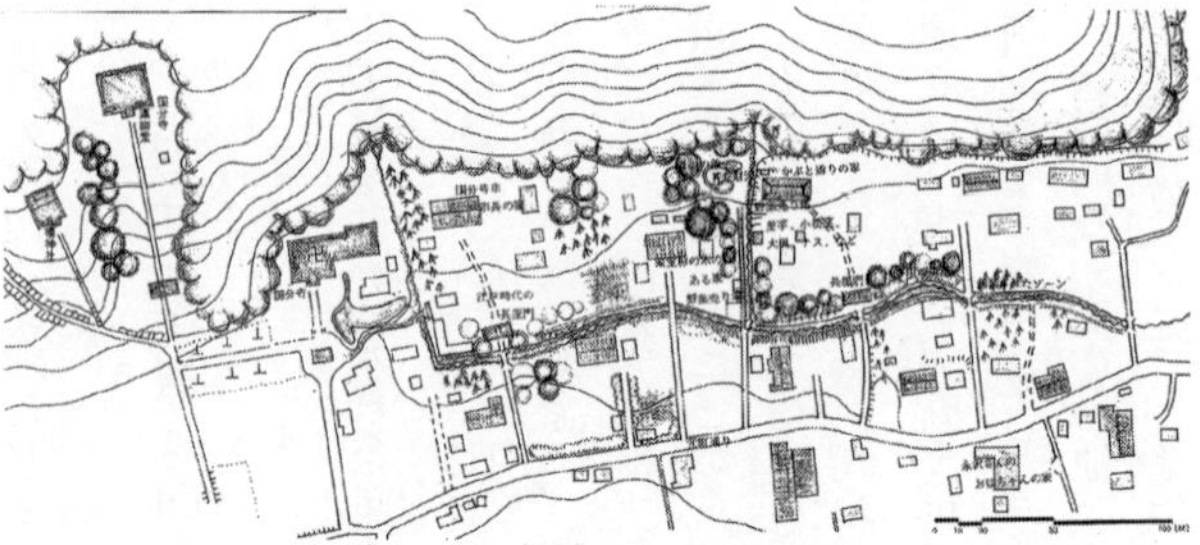

図9–7　国分寺本村の集落空間
（1953年の東京建設局測量図をもとに作成）

環境省選定名水百選のひとつに選ばれていた（お鷹の道・真姿の池湧水群）。東京のなかでもお墨付きの湧水が生んだ魅力的な環境として知られていたのである。現代にまで生き続ける本格的な湧水の空間を目の当たりにして、我々は夢中で調査をし、サーベイの結果を図化する作業を通して、その空間の構成を考察した（図9－7）（法政大学陣内研究室・東京のまち研究会一九九九）。

†国分寺の湧水と古代

そもそも、自然条件に恵まれたこの国分寺崖線のまわりは湧水が多く、様々な時代の人間の営みが層状に重なる歴史の宝庫だ。私は、『中央線がなかったら見えてくる東京の古層』（NTT出版）において、中央線（旧甲武鉄道）は明治以後の新参者で、そこから離れてこそ、地域の古い歴史を物語る様々な要素と出会えると説いたのだが、数少ない例外の一つが国分寺である。中央線は国分寺崖線のすぐ上の台地を東西に突っ切って走るのだが、ここで注目する豊富な湧水が生んだ重要スポットは中央線のすぐ近くに集中し、しかも幸いなことに、それらを巧みに避けて通されているのに気づく。

国分寺駅から北西に歩くとすぐ、「日立製作所中央研究所」がある。大正七年に登場した近代別荘の一つ、今村別邸を受け継ぎ、昭和一七年に、この恵まれた自然環境の中に設立されたという。かつて講演を依頼されて訪ねた際に、自慢の庭園を案内していただいて、驚いた。高台に建つ研究所の立派な施設の南側に、斜面を活かし大池を中心とする見事な回遊式庭園が広がっていた。ここが国分寺崖線から流れ出ることで知られる「野川《のがわ》」の源流となっているのだ。

そもそも国分寺崖線とは、西は国分寺のあたりから、東は世田谷区まで続く武蔵野台が「立川段丘《たちかわだんきゅう》」に落ちる崖である。庭園・公園研究の大御所、田中正大《たなかまさひろ》によれば、この国分寺崖線は決して直線的ではなく、あちこちに谷戸が刻まれており、自身が名園として推奨する「殿ヶ谷戸庭園」がまさにその例だという。第3章でもすでに見たようにハケの段差を活かした美しい回遊式庭園で、崖裾に湧いた水が池に注いでいる。この〈ハケ〉という言葉も、国分寺崖線の地元の人々から親しみをもって使われてきたが、実は意味がややあいまいなところがある。田中は幾つもの例を比較観察し、国分寺崖線のうち湧水によって窪地ができたところがハケだと結論づける（田中二〇〇五）。

日立製作所中央研究所の池もまた谷戸に立地する。深く切れ込んだ谷の湧水を集めて大池が広がっているのだ。この池を囲む崖上には、縄文時代の集落跡である恋ヶ《こいが》窪《くぼ》遺跡、羽《は》根《ね》沢《ざわ》遺跡、恋ヶ窪東遺跡がある。また、「真姿の池」がある本村の裏手の崖上にも、縄文時代の多《た》喜《き》窪《くぼ》遺跡群がある。いずれも良好な湧水のある恵まれた立地条件をもった。しかし、崖線沿いには、その後の弥生時代の遺跡はほとんど見られない。稲作には源泉の水が冷た過ぎるためで、弥生時代の集落は野川を下った場所に多く見られるという。

　ところで、歴史の話で興味深いのは、六四五年の大化の改新以降に誕生した武蔵国の中心の「国府」、「国分寺」のいずれもが、国分寺崖線と立川崖線に挟まれた場所、すなわち武蔵野台より一段下がった立川台（立川段丘）に置かれた点だ。武蔵国分寺は、「お鷹の道・真姿の池湧水群」の南西に位置する。その七重の塔跡あたりから北を眺めると、国分寺崖線が緑の屏風《びょうぶ》のように東西に広がっている。そして、「武蔵国府跡」（国衙地区）は、国分寺の南、府中に位置する武蔵国の総社、「大國魂神社」（西暦一一一一年の創建と伝えられる）の東隣りから発掘され、建物跡の一部が復元されている。

　こうして武蔵野台から立川台に広がる国分寺、府中地域が、時代によって地形条件に見合う場所にずれながら歴史の層を重ねていったのは面白い。全体が見えたところで、最も古い層の国分寺崖線に戻ろう。

†湧水の聖なる力

国分寺駅南口の駅前広場を左（東）へ少し行くと、先ほど触れた崖線の谷戸にある名園、「殿ヶ谷戸庭園」がある。再び駅前に戻り、道を右手前方（南西）へ進むと、途中で急な坂になり、野川に至る。橋を越え内側へ入り込むと、斜面につくられた静かな住宅地に出る。その背後には、鬱蒼とした森があり国分寺崖線の風景をよくとどめている。小道に沿って崖を降りていくと清水のせせらぎの音が聞こえる。お目当ての「お鷹の道」に入り、水と緑の実に心地よい小道を進む。崖の裾には清らかな水が湧く場所が幾つもあり、その横に緑に映える赤色の鳥居がある（図9-8）。湧水の池の真ん中にある小島には祠が置かれ、神聖な場所となる。この池が「真姿の池」と呼ばれ、水の聖なる力を示す言い伝えがある。

平安時代の九世紀半ば、皮膚の病に冒されて醜くなってしまった絶世の美女玉造小町《たまつくりこまち》が、武蔵国分寺で願をかけたところ、「池で身を清めよ」との霊示を受け、そのとおりにしたところ、病気はたちどころに治り、以前と変わらぬ美しい姿（真姿）に戻った、というのだ。

近代医学がない時代、清らかな湧水は病気や怪我を治すのに力をもった。すでに見たサルデーニャの聖なる井戸もその働きをもったが、ヴェネツィアの後背地、ピアーヴェ川の上流域にも、「ラゴーレ神域」という水の聖地がある。古代の人々は、山裾から湧き出す水が聖なる力

図9-8　「お鷹の道」真姿の池と弁財天

をもち、魔術的な治癒力を発揮することを知っていて、その水を称える池を儀礼の場、奉納の場とし、水の神域を形成したのである。このような自然の水を信仰の対象とすることはキリスト教の広がりとともに否定され、西欧世界ではその後、忘れられた。一方、日本の民衆の間では、清らかな水に聖なる意味を見出し、それを敬う心が、自然な形で受け継がれてきたといえる。

　露出した段丘崖の砂礫層から沁み出す湧水を都心で見ることは難しくなったが、真姿の池湧水群では、段丘上位面が広大な都立武蔵国分寺公園として保全されているため、こうした豊富な湧水が見られるのだ。武蔵野台地ならではの土地のポテンシャルが感じられるパワースポットといえる（皆川・真貝二〇一八）。

†「お鷹の道」

こんこんと湧く名水をポリタンクや水筒につめて持ち帰る人もいる。湧き出た水は小川となって、元町用水に流れ込む。その用水沿いの小道が遊歩道として整備され、それが「お鷹の道」と呼ばれている。道沿いには、用水の水をせきとめた洗い場が幾つもあり、まるで家々の勝手口を覗いたような生活感がある。この水辺の小道が、本村の農村共同体の人々をネットワーク化していた。

付近の人々は、湧水の流れを「カワ」と呼び、水道が引かれるまで、飲み水、炊事や風呂の水、洗い物（野菜、米、洗濯）など一切をまかなっていたという。水路に設けられた洗い場は「川所（かわど）」と呼ばれ、特に地元の人は、水音から「ボンボ」という可愛らしい名前で呼ぶ。聞き取りによると、どの家族にも自分達の使う決まった洗い場があり、数家族で共有する場合は、時間帯をずらして使ったようだ。共有の用水を汚さないように上流の人々は気をつかったという。

この「お鷹の道」に沿って、屋敷林に包まれた堂々たる豪農の屋敷が今も並ぶ。一本南側を通る広い元町通りから北へ伸びるアプローチをとり、その突き当りの位置に用水に面して長屋門を置くのが定形だったようだ。「真姿の池」のすぐ東隣の屋敷は、南側に長屋門を構え、その奥に兜造《かぶとづく》りの母屋をもつ。緑溢れる「お鷹の道」をさらに西へ水路沿いに進むと、二軒目の大きな屋敷地に、江戸時代後期の風格のある長屋門が残されている。国分寺村の名主を歴任した本多家の敷地の南に建てられたもので、国分寺市の重要文化財になっている。その目の前に、

「お鷹の道」の用水の流れが今もある。

こうして日野に続いて、水と深く結ばれた国分寺の本村の成り立ちを観察するならば、「水の都市」東京の概念をもっと広く拡大してとらえるのは、ごく自然なことに思えてくる。

4　国立・谷保

†崖線周辺の古い歴史を物語る〈谷保〉

ここで、中央線を西の日野の方向に少し戻り、国立《くにたち》を見てみよう。ここでは国分寺と逆に、「中央線がなかったら見えてくる東京の古層」のセオリーがぴたりと当てはまる。

国立といえば、誰もが駅の南側に広がる、近代都市計画で実現した「学園都市」の美しい姿を思い浮かべるだろう（図9－9）。ディベロッパーの先駆け、箱根土地株式会社の手で、一九二四年（大正一三）、東京商科大学（現・一橋大学）を中心とする学園都市構想に基づき、三五一ヘクタールにわたる国立学園町地区開発が行われ、土地の分譲が開始された。国分寺と立川の間に国立駅が開設され、そこから南にまっすぐ並木道の軸線道路が、そして南西方向（富士見通り）と南東方向にそれぞれ直線道路が駅から見て放射状に通され、西洋的な都市空間が

図 9-9　国立・谷保（1961 年 8 月 27 日撮影）
（高橋賢一氏の図を参考に、国土地理院ウェブサイトの空中写真をもとに作成）

颯爽と登場した。大学キャンパス内の校舎建築のみならず、整然と区画された敷地割りのなかにモダンな様式の住宅が建ち始め、戦後、住宅地として完成した。常に美観を考えたまちづくりが追求され、今もイメージの高さを誇る。漢字文化圏ならではだが、国分寺、立川の頭文字を合成した造語としての「国立」の名称がブランド化している。

だが、明治初期〜中期の迅速測図を見ると、この学園都市の登場することになる広大な土地は、大半が雑木林だったことがわかる。江戸の初期に玉川上水が開削された武蔵野台地のより北の地域には、分水が何本も通され灌漑がなされ、新田開発も活発に行われたのに対し、立川段丘の上の方の現・国立駅の南側は水に乏しく、近代を迎えても昭和に入るまで雑木林のみが広がる風景が続いていたのだ。

その段丘の南の方には畑が広がり、その南の縁を「甲州街道」が通り、街道沿いに途切れなく人家が並び、帯状に集落を形成しているのがわかる。すぐ南には湧水の多い緑豊かな段丘崖である「青柳崖線《あおやぎがいせん》」があり、その斜面に古い歴史をもつ「谷保天満宮《やぼてんまんぐう》」の名前が見える。その下の低地には、日野と同様、川から取水した用水路が網目のようにめぐり、谷保の水田地帯が広がっていた。この崖線のまわりが「谷保」の村であり、本来は、国立市内では最初にできた居住地であり、学園都市建設の登場以前は、地域のなかでは主役であった。それが、国立駅と学園都市の華やかな建設によって、立場が逆転したのである。まさに、中央線から少し離れると、この地域の歴史を物語る古層が見える。

このあたりでは、甲州街道と並走する形で南武線が敷設され、国立駅からまっすぐ南に伸びる軸線と交わるあたりに、戦前に谷保駅ができた。それもこの地域にとって谷保が重要だったことを物語る。谷保に代々居住する陣内ゼミ所属の新倉芽具《にいくらめぐ》が卒業論文で、こうした視点から谷保・国立の対比的な地域構造を研究した（新倉二〇一四）。

†歴史的遺産と湧水

また、甲州街道にほぼ並行し、東西方向に展開する青柳崖線沿いのエリアを観察してみたい。定石通り、この段丘崖の裾に、湧水がもとで生まれた重要な歴史的スポットが三ヶ所見つかる。先ほども登場した平安時代に創建された「谷保天満宮」、その西に戦国期以前の城館である「城山《じょうやま》」、その西に南北朝時代の一四世紀半ばに開山された「南養寺《なんようじ》」が、ほぼ同じくらいの間隔をとって並んでいるのだ。いずれもその南側前面には、用水路の巡る水田のある風景が広がる。

谷保天満宮は、東日本最古の天満宮であり、湯島天満宮、亀戸天神社と並び関東三大天神と呼ばれる。学問の神様、菅原道真《すがわらみちざね》を祀ることから、受験シーズンともなると合格祈願の絵馬が所狭しと掛けられ、賑わう。高台の甲州街道から、鳥居を潜り石段を下って境内に入るアプローチが、重要な神社としてはいささか不自然だが、それには理由がある。そもそも古い街道は天満宮の南側を通り、本殿には定石に従って下から参道をとっていた。だが、多摩川の流路変更によって、江戸中期以降、境内の北側高台に街道が移され、参道も付け替えられたという。

崖線と神社と湧水の関係というテーマからすると、見所は、本殿の背後に潜んでいる。甲州街道の崖の下から豊富に湧く「常盤《ときわ》の清水《しみず》」が境内に引き込まれ、「弁天池」に注ぐ。この中之島に「厳島《いつくしま》神社」が祀られているのだ。かつては付近の人々の井戸として利用されていたというこの「常盤の清水」も、「東京の名湧水五七選」の一つに選ばれている。清く澄んだ水のなかには鯉がたくさん泳いでいる。池から出た多量の水は、神社の境界の玉垣に沿って流れ、道行く人の目を楽しませる。

次は、鎌倉時代初期の豪族の城館の跡と伝えられる城山を訪ねてみよう。ここは、一九八六年から公園になっている。土塁《どるい》に囲まれた二つの郭《くるわ》と、自然の地形を利用した空堀《からぼり》、ケヤキの大木を含む屋敷林《やしきりん》や雑木林を残している。城館跡と周囲の森は、東京都の歴史環境保全地域に指定されており、城館跡は東京都指定旧跡にもなっている。森の裾には湧水があり、池が広っている。隣接して、移築された旧柳沢家の古民家もあり、この地域の自然と歴史を感じられる貴重なスポットである。

次が三つ目の見所、六〇〇年の歴史を誇る南養寺である。くにたち郷土文化館の北側に位置する。青柳崖線に小さく切れ込んだ窪地の地形で水の利がよかったとみえ、縄文時代中期の遺跡が発見されている。本堂の南、墓地の東側に鬱蒼とした林があり、そのなかにかつて諏訪池という池が存在していたという。池は涸れたが、湧水はまだあると報告されている（皆川・真貝二〇一八）。

†受け継がれた谷保の農地と地産地消の試み

このように、国立市といえばまず思い浮かぶ国立駅、学園都市には、昭和以後の歴史しかないのに比べ、青柳崖線のまわりの谷保には、古代、中世にさかのぼる歴史と豊かな自然が存在する。しかも、段丘の下に広がる沖積地には、多摩川から取水した用水路がめぐり、かつてに比べれば減ったとはいえ、まだ水田が残されている。この谷保の歴史の資産と農業景観を積極的に評価し、モダンな学園都市文化と組み合わせて大きな回遊性を生むことができれば、従来の南北の対立構造から抜け出し、二一世紀的な価値観から、国立のイメージをさらに高めることができるに違いない。

実際、国立では、受け継がれてきた農地を活かし、早くから〈地産地消〉の動きが様々に展開され、それを推進するＮＰＯや地域情報雑誌の活動が見られる。富士見台団地の一階では、大学生、市民、国立市が協力して経営する店が開設され、地産地消の考えのもと、新鮮で安全な国立市産の野菜の直売、地元農家が開発した地域の物産の販売で、人気を集めている。国立駅前のレストランやカフェのいくつかでは、谷保の地元農家の作り手の名前を付した新鮮な野菜を使って美味しい料理を提供している。

谷保に残る田園風景のなかには、「NPO法人くにたち農園の会」が大学、地域団体、行政と連携して運営する「くにたちはたけんぼ」という面白い名前の農園がある。法政大学の私のゼミの活動の一つとして、地元出身の学生のアレンジで訪ね、若い運営代表者に案内してもらったことがある。子供から年寄りまで、田んぼや畑を楽しんだり、守り育てたいという人々が参加できる新しい形の農園で、貸し農園は、企業や団体が収穫体験や食育、研修、婚活イベントなどに借りて使うこともできるという。東京郊外にぽっかりと残された畑と田んぼで、都市における農業の可能性にチャレンジする彼らの活動に期待がかかる。

†「東都近郊図」が描く壮大な「水の地域」

このように視野を拡大し、かつて江戸の郊外だった武蔵野、そして多摩地域までを考察の対象として論じてくると、大都市東京の広い範囲にわたって、多様な地形・自然条件と結びつく水資源が豊富にあり、その水を活かした地域を特徴づける空間構造が歴史のなかで形成されてきたことが読み取れるのだ。

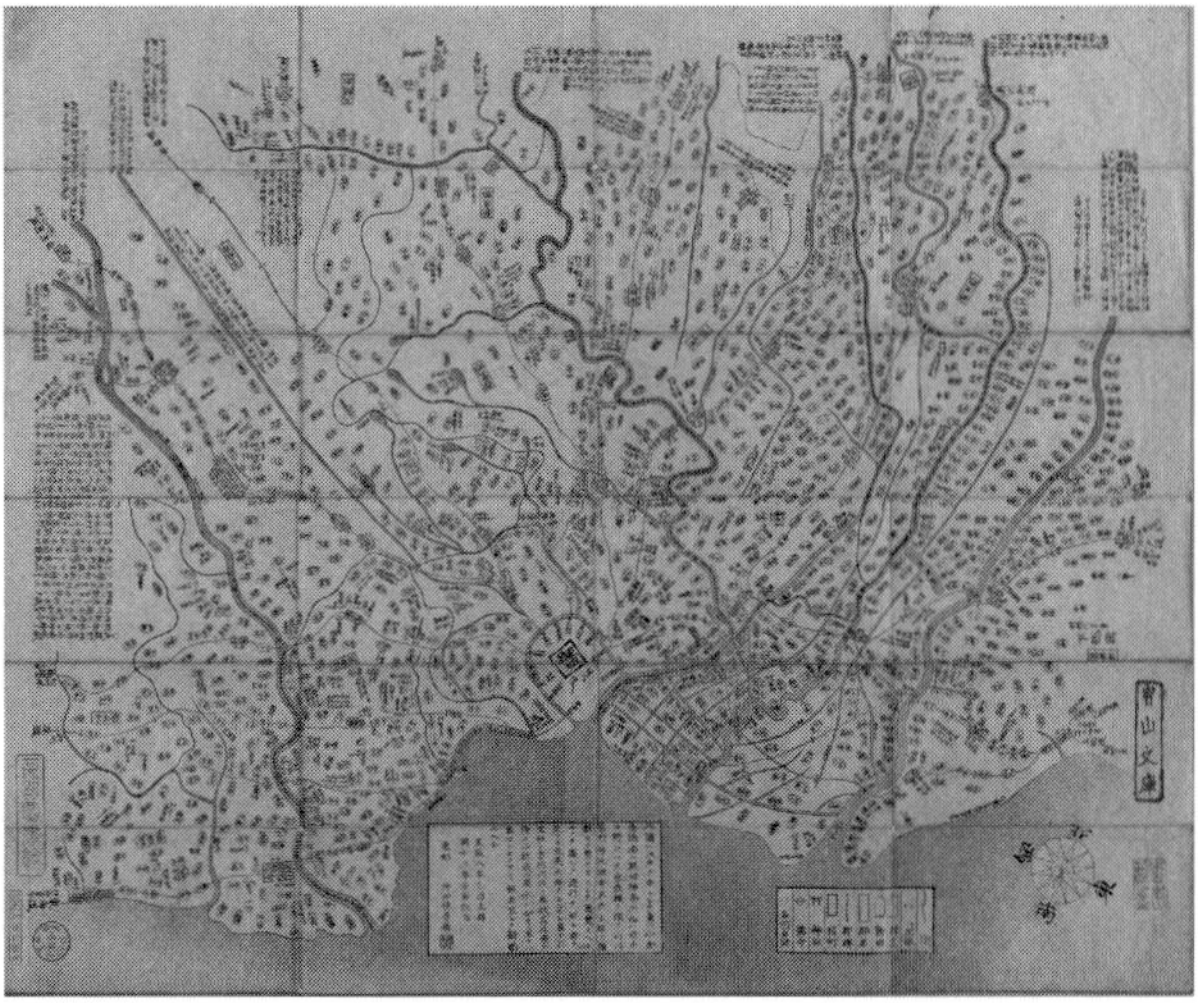

図9-10　東都近郊図（1830年）（国立国会図書館蔵）

長らく私は、東京の山の手は、ローマと同じく七つの丘からなる緑溢れる「田園都市」で、一方の下町は河川と掘割が網目状に巡るヴェネツィアのような「水の都市」だったと言ってきた。しかし、今考えると、いささか単純な割り切りに過ぎたようにも思える。東京の各地でフィールド研究を進め、国際的な視点でヴェネツィア、アムステルダム、バンコク、蘇州などの水の都市とも比較しながら、この都市を観察するにつけ、東京の「水の都市」の空間を、従来言われてきたような河川や掘割が巡る下町に限定せずに、豊かな水の生態系を誇る武蔵野、多摩エリアも含む東京の全体に広げて考えるべきだと思うに至った。さらには東側の東京低地、そして東京湾のベイエリアも、新たな視点から見直すことができる。こう考えると、東京は、いわゆる「水の都市」としての枠を越え、「水の地域」とも呼べる大きく豊かな広がりをもっているといえるだろう。

実際、近郊の田園まで描いた江戸時代の地図「東都近郊図」を見ると、江戸城があり、それを囲う外濠、大河川としての多摩川、荒川、江戸川がある。また目黒川、神田川、善福寺川、妙正寺川などの様々な中小河川が流れ、さらに湧水を水源とする池も描かれている（図9－10）。川沿いには集落がたくさん分布し、河岸が発達していた様子もよくわかる。一方、直線的に通された玉川上水も見られる。まさに江戸東京の大きなテリトーリオ全体が河川、水系で結ばれており、こうした認識を江戸の人たちがもっていたことを思わせる。

経済発展、効率と機能を優先する近代の都市開発ばかりを追求してきた東京の人々の間には、自然と人間が共生するこうした想像力を掻き立てるような「水の都市」、さらには「水の地域」といった認識、イメージは、長らく完全に失われていただろう。歴史の経験として東京の基層にまだ受け継がれているはずのこの「東都近郊図」の世界を、現代の価値観と技術で、少しずつでも蘇らせていきたいものだ。

あとがき

『東京の空間人類学』の刊行後、色々な経験を通じて、自分自身の東京研究のテーマやその方法を、時間／歴史としても空間／地域としても大きく広げたいといつも考えてきた。それを簡単に振り返っておきたい。

まずは、一九八〇年代に誕生し、私自身も深くかかわった「江戸東京学」に対し、その歴史の捉え方に限界を感じ始めたことに端を発する。そこでは東京の都市の歴史は江戸の城下町建設から始まり、考察対象は、主に山手線の内側の江戸の市域内に限られていた。それだけではやはり、窮屈であった。

江戸の市街地だった所を歩いていても、地形上、重要な場所で中世に遡る神社や寺院によく出会った。さらに、都市江戸の周縁に位置しながら、大きな役割を果たした北東の浅草と南西の品川は、いずれも中世、さらには古代から港の機能をもつ重要な場所だったと知り、東京の歴史を江戸時代より遡って考えたいという思いが湧いた。

江戸東京の歴史がブームにもなり、東京都の江戸東京博物館ばかりか、各自治体がこぞって歴史博物館や郷土資料館を開設し、地元の歴史を掘り下げて研究、展示するようになったことの意義も大きい。振り返るならば、奇しくも同じ一九九三年に開催された葛飾区郷土と天文の博物館の「下町・中世再発見」、品川区立品川歴史館の「海にひらかれたまち――中世都市・品川」という二つの特別展が、東京の歴史理解にとっての大きな転換点となったことに改めて気づかされる。考古学の発掘調査と中世文書研究にもとづく新たな知見が、いずれの地域にも、江戸の都市成立以前の中世に、舟運を利用し広域と繋がった都市的経済活動がすでに存在していたことを示したのだ。

私自身が早くから虜になった東京の起伏に富んだ地形の面白さに、二〇〇〇年代に再び新たな光が当たったことも大きな意味をもつ。皆川典久の東京スリバチ学会、中沢新一の『アースダイバー』、そしてTV番組「ブラタモリ」、どれも人々の心をつかんだ。大地が織りなす地形、地質に目を向ければ、江戸の都市形成よりずっと古い時代に一気に遡る。もはや江戸の市域の内と外を分ける意味が薄れたわけである。しかも、東京では、地形を調べれば、必ず水が基層に深く関係していることも見えてきた。

＊

水都の原点に戻ってみよう。欧米を中心に世界の都市で、一九九〇年代以後、水辺空間の再生、再開発が大きな成果をあげ、しばしば話題を集めてきた。ところが逆に東京は、臨海副都心開発の挫折を機に、大規模な水辺のプロジェクトは完全に影を潜めた。海外の会議、シンポジウムに招かれる際には、江戸以来の過去の水の都市の華やかさは自慢気に語れても、現代の東京に誇れる開発事例はほとんどないというやや寂しい思いが残った。

二〇〇八年の「水」をテーマに掲げたサラゴサ国際博覧会での経験も示唆的である。世界の水都のパヴィリオンが設けられ、我々の法政大学エコ地域デザイン研究所は、東京の映像作品の展示を任された。欧米先進国はどこも誇るべき成功事例をもつ。スペイン・ビルバオにおける衰退した川沿い工業都市の再生、アジアでも韓国ソウルの清渓川《チヨンゲチヨン》の水辺再生が世界的に大きな話題になった頃だ。東京は、そこでは勝負できない。我々が考えたのは別の水都のシナリオだった。「源流から海まで」というコンセプトで河川をたどり、流域の人々の暮らしと営み、水と親密な伝統文化を描き、日本独特の自然観を紹介した。お台場海浜公園での海中渡御の映像も挿入した。住民の力によるボトムアップの水辺再生の成功例が、当時の東京が自慢できる重要な材料だった。この根本に立ち返るシナリオづくりの経験は本書でも、随所に生きている。

近年、「ミズベリング」という新しい水辺の活用の可能性を切り開くための官民一体の協働プロジェクトが全国に広がりを見せる。その会合で紹介される大阪の画期的な水辺利用の成功例の数々に常に圧倒されてきた。この面でも東京は、なかなか太刀打ちできない。

こうした個人的経験を通じて、東京にしかない世界にアピールできる新たな水都像を是非とも描きたい、と強く思うようになったのである。

実際、発想を転換・拡大し、新鮮な気持ちで東京の水都研究を進めてみると、これほどに地形の変化を豊かにもち、多種多彩な水資源に恵まれた都市というものは、国内にも海外にも存在しないことがはっきり見えてくる。自然と人間の共生を特徴とする日本らしい水都の考え方は、限界が見えてきた都市文明の反省期に入った欧米の先進国の人達にも示唆的なはずである。

＊

もうひとつの大きな発想転換の鍵は、一九八〇年代以後のイタリアから私が学んだ「テリトーリオ」という考え方にある。まさに江戸がそうだったように、本来、都市はその周辺に広がる田園、農村と相互に深く結びついて、経済的、文化的に一体感のある地域、テリトーリオを形づくってきた。だが近代は、都市の拡大発展ばかりに力を注ぎ、田園の価値を忘れ、農村を片隅に追いやった。歴史的都市の保存、再生に成功したイタリアでは、次に、田園・農村に潜む豊かな可能性を引き出す方向に社会が大きく舵を切った。スローフード運動、地産地消、エノガストロノミーア（ワイン＋食文化）、農村の文化的景観、アグリツリズモ（農業観光）など、時代の先端をいく概念が続々と生み出された。

こうしたイタリアの動きに触発され、自分の原風景である杉並・成宗周辺からスタートし、武蔵野の広範囲に、さらには多摩の日野、国分寺などに研究の対象を広げたことで、東京の新たな面白さを幸いにも発見できたのである。そこに独自の「水の地域」像を描けるようになった。この本には、以上のような思いが詰まっている。

＊

本書は、新型コロナウイルス感染の拡大がまだ心配な時期に刊行される。そのことにも一言触れておきたい。実を言うと、多忙な日々でなかなか進まなかった執筆を、コロナ禍でのステイホームで生まれた時間を使って、一気に進めることができた。それだけに、本書の内容がポストコロナ社会にとってどんな意味があるのか、考えることも多かった。

この間のテレワークの普及とともに、都心一極集中からの脱却、分散型社会への移行が現実のものとなってきた。郊外に再び光が当たる。それとともに身近な地元、地域の再発見が進み、ローカル・コミュニティ、人々の居場所、コモンズが再評価される。都心に縛られず、本来の江戸の近郊農村、田園だった武蔵野や多摩の隠れた魅力や眠っていたポテンシャルを描く新たな東京水都論は、ポストコロナ社会の価値観とも一致するはずである。

一方、ニューヨークのレストランが室内の使用を禁じ、戸外のテーブルの営業を認める方針をとっているのも示唆に富む。日本もこれを機に、水辺や路上の外部の公共空間を、豊かに使う方向に発想転換すべきだ。また、東京都が社会実験をすでに行った水上バスによる通勤の試みは、満員の通勤ラッシュを避けるにも有効で、今後、よりリアリティがでてくるに違いない。

＊

本書ができるまでには、多くの方々のお世話になった。まずは、私のこうした東京研究は、二〇一八年三月まで存続した法政大学の陣内研究室の学生、若手の諸君とのフィールド調査に依拠することが多く、膨大な研究の蓄積に貢献してくれたOB・OGの方々に心から感謝したい。同時に、法政大学のエコ地域デザイン研究所、水都学研究グループ、江戸東京研究センターの仲間の方々、都市史学会を始めとする様々な学会、そして開かれた社会活動としての外濠市民塾、水循環都市東京の研究グループ、まちふねみらい塾などでの他大学の研究者、企業、市民の方々との日頃の交流のなかから、多くの知見、刺激をいただいた。海外の研究仲間との交流が東京研究を推進する上で、大きな役割を果たしたことは言うまでもない。お世話になった大勢の皆さまに心よりのお礼を述べたい。

最後に、なかなか進まない執筆作業を辛抱強く見守り、軌道に乗ってからは実に精力的に本づくりを進め、貴重なアドバイスを数多く下さった筑摩書房の河内卓氏に厚くお礼申し上げる。

二〇二〇年八月

陣内秀信

主要参考文献

全体

貝塚爽平『東京の自然史』紀伊國屋書店、一九六四年（講談社学術文庫、二〇一一年）
陣内秀信『東京の空間人類学』筑摩書房、一九八五年（ちくま学芸文庫、一九九二年）
陣内秀信編『水の東京（ビジュアルブック江戸東京5）』岩波書店、一九九三年
菅原謙二『川の地図辞典　江戸東京／23区編』之潮、二〇〇七年
菅原謙二『川の地図辞典　多摩東部編』之潮、二〇一〇年
土屋信行『首都水没』文春新書、二〇一四年
中沢新一『アースダイバー』講談社、二〇〇五年
松田磐余『江戸・東京地理学散歩――災害史と防災の観点から』之潮、二〇〇八年

第1章

江戸東京博物館編『隅田川――江戸が愛した風景』図録、二〇一〇年
岡野友彦『家康はなぜ江戸を選んだか』教育出版、一九九九年
川田順造『江戸＝東京の下町から――生きられた記憶への旅』岩波書店、二〇一一年

クラウト、ヒュー編『ロンドン歴史地図』東京書籍、中村英勝監訳、一九九七年
小山周子「隅田川流域の料理茶屋における文化活動について」東京都江戸東京博物館都市歴史研究室編『隅田川流域を考える――歴史と文化』二〇一七年、二三～五四頁
コルバン、アラン・陣内秀信「都市とは何か」『環』一七号、藤原書店、二〇〇四年
近藤和彦「カナレットの描いた二つの橋――十八世紀ロンドンにおける表象の転換」近藤和彦・伊藤毅編『江戸とロンドン（別冊都市史研究）』山川出版社、二〇〇七年、二二四～二三九頁
佐川美加『パリが沈んだ日――セーヌ川の洪水史』白水社、二〇〇九年
陣内秀信「セーヌ川、テムズ川との比較の視点からみた隅田川の特質」前掲『隅田川流域を考える――歴史と文化』二〇一七年、七一～九六頁
鈴木理生『江戸と江戸城――家康入城まで』新人物往来社、一九七五年
鈴木理生『江戸の川・東京の川』日本放送出版協会、一九七八年
墨田区立緑図書館編『隅田川絵図集覧（墨田区立図書館叢書七）』墨田区立緑図書館、一九九〇年
竹内誠「聖空間としての隅田川」前掲『隅田川流域を考える――歴史と文化』二〇一七年、一一～二二頁
谷口榮『東京下町の開発と景観』古代編・中世編、雄山閣、二〇一八年
谷口榮『江戸東京の下町と考古学――地域考古学のすすめ（増補改訂版）』雄山閣、二〇一九年
デーヴィス、マシュー「嵐・洪水とロンドンの発展――一三〇〇―一五〇〇年」渡辺浩一・デーヴィス、マシュー編『近世都市の常態と非常態――人為的自然環境と災害』勉誠出版、二〇二

○年、五七～六八頁
ハーディング、ヴァネッサ「ロンドンの川に橋を架ける――ロンドン橋の建設・維持とテムズ川の管理」前掲『近世都市の常態と非常態――人為的自然環境と災害』勉誠出版、二〇二〇年、一五〇～一五三頁
バクーシュ、イザベル「セーヌ川とパリ（一七五〇～一八五〇年）」高澤紀恵・ティレ、アラン・吉田伸之編『パリと江戸（別冊都市史研究）』山川出版社、二〇〇九年、一四九～一五〇頁
ピット、ジャン＝ロベール『パリ歴史地図』東京書籍、木村尚三郎監訳、二〇〇〇年
広末保『辺界の悪所』平凡社、一九七三年
渡辺浩一『江戸水没――寛政改革の水害対策』平凡社、二〇一九年
渡辺浩一「江戸の水害と利根川・多摩川水系」前掲『近世都市の常態と非常態――人為的自然環境と災害』勉誠出版、二〇二〇年、一二～一九頁
Beaudouin, F., *Paris/Seine ville fluviale*, Éditions Nathan: Paris, 1989
Chadych, D. & Leborgne, D., *Atlas de Paris: Evolution d'un paysage urbain*, Parigramme: Paris, 1999
Ross, C. & Clark, J., *London: The Illustrated History*, Penguin Books: London, 2011.

第2章

阿部彰編『日証館　基壇状構築物に関する調査報告書』まちふねみらい塾、二〇一七年

網野善彦『無縁・公界・楽——日本中世の自由と平和』平凡社、一九七八年
アンベール、エメ『アンベール幕末日本図絵』下巻、高橋邦太郎訳、雄松堂書店、一九七〇年
石井元章『ヴェネツィアと日本——美術をめぐる交流』ブリュッケ、一九九九年
小野木重勝『様式の礎（日本の建築　明治大正昭和2）』三省堂、一九七九年
河東義之編『ジョサイア・コンドル建築図面集Ⅰ』中央公論美術出版、一九八〇年
陣内秀信「東京に映し出されたヴェネツィアのイメージ」陣内秀信・高村雅彦編『水都学Ⅰ』法政大学出版局、二〇一三年、四九〜六八頁
高道昌志『外濠の近代—水都東京の再評価』法政大学出版局、二〇一八年
玉井哲雄編『よみがえる明治の東京——東京十五区写真集』角川書店、一九九二年
千葉瑞夫「長沼守敬　触れ合いの人々」『長沼守敬とその時代展』図録、一関市博物館、二〇〇六年、一一八〜一二六頁
中村鎮「東京のヴェニス」『中村鎮遺稿』中村鎮遺稿刊行會、三八〇〜三八五頁、一九三六年
橋爪紳也『あったかもしれない日本——幻の都市建築史』紀伊國屋書店、二〇〇五年
長谷川堯『都市回廊——あるいは建築の中世主義』相模書房、一九七五年
平川祐弘『藝術にあらわれたヴェネチア』内田老鶴圃、一九六二年
藤森照信『国家のデザイン（日本の建築　明治大正昭和3）』三省堂、一九七九年
前田愛『都市空間のなかの文学』筑摩書房、一九八二年（ちくま学芸文庫、一九九二年）

第3章

磯田光一『思想としての東京――近代文学史論ノート』国文社、一九七八年
岡村芙美香「産業系建築ストックの形成とその再生――水のまち清澄白河の事例から」法政大学デザイン工学部建築学科二〇一七年度卒業論文
川田順造『母の声、川の匂い』筑摩書房、二〇〇六年
竹内誠「下町」『江戸東京学事典』三省堂、一九八七年、九七~九八頁
武田尚子『近代東京の地政学――青山・渋谷・表参道の開発と軍用地』吉川弘文館、二〇一九年
サッセン、サスキア『グローバル・シティ――ニューヨーク・ロンドン・東京から世界を読む』伊豫谷登士翁他訳、筑摩書房、二〇〇八年
陣内秀信・三浦展編著『中央線がなかったら見えてくる東京の古層』NTT出版、二〇一二年
西村眞次監修『江戸深川情緒の研究』深川区史編纂会、一九二六年(復刻:有峰書店、一九七一年)
長谷川徳之輔『東京山の手物語』三省堂、二〇〇八年
法政大学デザイン工学部建築学科陣内秀信研究室『水の都市　墨田・江東の再生ヴィジョン――Slowater Cityをめざして』社団法人東京建設業協会都市機能更新研究会、二〇一三年
松川淳子『水辺のまち　江東を旅する』萌文社、二〇一七年
三浦展『「家族と郊外」の社会学――「第四山の手」型ライフスタイルの研究』PHP研究所、一九九五年
吉原健一郎「水の都・深川成立史」高田衛・吉原健一郎編『深川文化史の研究』下、東京都江東

区総務部広報課、一九八七年、一〜六二頁

第4章

浅川道夫『お台場――品川台場の設計・構造・機能』錦正社、二〇〇九年
池享・櫻井良樹・陣内秀信・西木浩一・吉田伸之編『みる・よむ・あるく 東京の歴史4 地帯編1 千代田区・港区・新宿区・文京区』吉川弘文館、二〇一八年
大田区立郷土博物館編『特別展 消えた干潟とその漁業――写真が語る東京湾』図録、一九八九年
岡野友彦『家康はなぜ江戸を選んだか』教育出版、一九九九年
北川フラム・陣内秀信「海の復権――多島海、人々の暮らし」『city & life』一〇九号、第一生命財団、二〇一三年、二〜七頁
小安幸子・佐藤勉・陣内秀信「柳橋の料亭と舟宿からはじまった 水辺の復活物語」『東京人』二〇一三年六月号、一一六〜一二三頁
品川区立品川歴史館編『海にひらかれたまち――中世都市・品川』図録、一九九三年
品川区立品川歴史館編『品川御台場――幕末期江戸湾防備の拠点』図録、二〇一一年
品川区立品川歴史館編『江戸湾防備と品川御台場』岩田書院、二〇一四年
志村秀明『東京湾岸地域づくり学――日本橋、月島、豊洲、湾岸地域の解読とデザイン』鹿島出版会、二〇一八年
陣内秀信・高村雅彦編『水都学Ⅳ』法政大学出版局、二〇一五年

陣内秀信・法政大学東京のまち研究会『水辺都市――江戸東京のウォーターフロント探検』朝日選書、一九八九年
東京都港区教育委員会編『台場――内海御台場の構造と築造』図録、二〇〇〇年
藤森照信『明治の東京計画』岩波書店、一九八二年（岩波現代文庫、二〇〇四年）
増山一成「幻の博覧都市計画――東京月島・日本万国博覧会」佐野真由子編『万国博覧会と人間の歴史』思文閣出版、二〇一五年、二六七～二九五頁
横浜都市発展記念館・横浜開港資料館編『港をめぐる二都物語――江戸東京と横浜』横浜市ふるさと歴史財団、二〇一四年
吉田峰弘「市街化する臨海部埋立地――戦前の芝浦地区の継承と変容」二〇〇九年度法政大学修士論文
渡邉大志『東京臨海論――港からみた都市構造史』東京大学出版会、二〇一七年
Cacciari, M., *L'arciperago*, Milano: Adelphi, 1997.

第5章

岩淵令治「江戸城の成立過程」『図説　江戸考古学研究事典』柏書房、二〇〇一年、七二～七四頁
岡野友彦『家康はなぜ江戸を選んだか』教育出版、一九九九年
岡本哲志「舟運と鉄道の物流拠点の開発」陣内秀信・法政大学陣内研究室編『水の都市　江戸・東京』講談社、九四～九五頁

北原糸子『江戸城外堀物語』ちくま新書、一九九九年（『江戸の城づくり――都市インフラはこうして築かれた』に改題、ちくま学芸文庫、二〇一二年）
陣内秀信・法政大学陣内研究室編『水の都市　江戸・東京』講談社、二〇一三年
鈴木理生『江戸と江戸城――家康入城まで』新人物往来社、一九七五年
鈴木理生『江戸の川・東京の川』日本放送出版協会、一九七八年
鈴木理生『幻の江戸百年』筑摩書房、一九九一年
鈴木理生「灌漑技術から転用された外濠」法政大学エコ地域デザイン研究所編『外濠――江戸東京の水回廊』鹿島出版会、二〇一二年、一四二〜一四三頁
高道昌志『外濠の近代――水都東京の再評価』法政大学出版局、二〇一八年
千代田区『法政大学構内遺跡Ⅱ』大学法人法政大学・大成建設株式会社・加藤建設株式会社、二〇一五年
千代田区教育委員会編『史跡　江戸城外堀跡の保存管理計画書』二〇〇八年
仲摩照久編『日本地理風俗大系　第二巻』新光社、一九三一年
松田磐余『対話で学ぶ江戸東京・横浜の地形』之潮、二〇一三年
吉田伸之『都市――江戸に生きる』岩波新書、二〇一五年

第6章

岡本哲志・北川靖夫「渋谷――地形が生きている街」陣内秀信・法政大学・東京のまち研究会

『江戸東京のみかた調べかた』鹿島出版会、一九八九年、一四二〜一五三頁
小木新造他編『江戸東京学事典』三省堂、一九八八年
オケ、チエリー「不可能のパリとしての東京――「都市風景」批判」安孫子信監修・法政大学江戸東京研究センター編『風土（Fudo）から江戸東京へ』法政大学出版局、二〇二〇年
陣内秀信『イタリア都市再生の論理』鹿島出版会、一九七八年
陣内秀信・板倉文雄他『東京の町を読む――下谷・根岸の歴史的生活環境』相模書房、一九八一年
陣内秀信・法政大学陣内研究室編『水の都市　江戸・東京』講談社、二〇一三年
鈴木健一『不忍池ものがたり――江戸から東京へ』岩波書店、二〇一八年
田中正大『東京の公園と原風景』けやき出版、二〇〇五年
田中優子「都市としての江戸」陣内秀信・高村雅彦編『建築史への挑戦――住居から都市、そしてテリトーリオへ』鹿島出版会、二〇一九年、一七九〜二〇一頁
樋口忠彦『日本の景観――ふるさとの原形』春秋社、一九八一年（ちくま学芸文庫、一九九三年）
皆川典久『東京「スリバチ」地形散歩――凹凸を楽しむ』洋泉社、二〇一二年

第7章

荻窪圭『東京古道散歩』中経の文庫、二〇一〇年
奥野健男『文学における原風景――原っぱ・洞窟の幻想』集英社、一九七二年
陣内秀信「都市風景――四十年の変容」『世界』第四八二号、一九八五年、五九〜七六頁

陣内秀信・高村雅彦編『建築史への挑戦——住居から都市、そしてテリトーリオへ』鹿島出版会、二〇一九年
陣内秀信・三浦展編著『中央線がなかったら見えてくる東京の古層』NTT出版、二〇一二年
陣内秀信・柳瀬有志『地中海の聖なる島 サルデーニャ』山川出版社、二〇〇四年
陣内秀信・柳瀬有志「聖域・湧水・古道・河川・釣り堀から読む阿佐ヶ谷周辺の地域構造」『東京人』二〇一二年七月号
法政大学工学部建築学科陣内研究室・東京のまち研究会『東京郊外の地域学——日常的な風景から歴史を読む』法政大学工学部建築学科陣内研究室・東京のまち研究会、一九九九年
三浦展編著、大月敏雄・志岐祐一・松本真澄『奇跡の団地阿佐ヶ谷住宅』王国社、二〇一〇年

第8章

伊藤好一『江戸上水道の歴史』吉川弘文館、一九九六年
小沢信男・冨田均『東京の池』作品社、一九八九年
小林章「江戸の大名庭園と水」『近世江戸の都市水利——江戸と西安 特別講演会 予稿集』中国水利史研究会、二〇〇九年、二五～三二頁
坂田正次『江戸東京の神田川』論創社、一九八七年
鈴木理生『江戸・東京の川と水辺の事典』柏書房、二〇〇三年
高橋賢一「歴史・エコ廻廊を創る」法政大学エコ地域デザイン研究所編『外濠 江戸東京の水回

廊』鹿島出版会、二〇一二年、一四六～一四九頁
高村雅彦「水の聖地の意味論」陣内秀信・高村雅彦編『水都学Ｖ』法政大学出版局、二〇一六年、三三二～三三五頁
高村弘毅『東京湧水せせらぎ散歩』丸善出版、二〇〇九年
田原光泰『「春の小川」はなぜ消えたか――渋谷川にみる都市河川の歴史』之潮、二〇一一年
東京都水道歴史館『玉川上水』東京都水道局、二〇〇六年
長崎潤一「初めて井の頭に来たヒトとは？」『講演会　井の頭の歴史を知る　講演会録』武蔵野教育委員会、二〇一九年、一三～四三頁
馬場憲一「近世都市周辺の宗教施設の由緒と「名所」化の動向――江戸近郊の「井之頭弁財天社」と「井の頭池」を事例として」『法政大学多摩論集』第三六号、二〇二〇年、一三七～一五七頁
濱野周泰「井の頭恩賜公園の景観と植生について」『講演会　井の頭の歴史を知る　講演会録』武蔵野教育委員会、四五～五五頁

第9章

石渡雄士「地形の変遷」「考古学から見た日野の原始・古代」「中世の世界」法政大学エコ地域デザイン研究所編『水の郷　日野――農ある風景の価値とその継承』鹿島出版会、二〇一〇年、一八～二三頁
進士五十八他『ルーラル・ランドスケープの手法――農に学ぶ小都市環境づくり』学芸出版社、

一九九四年
田中正大『東京の公園と原風景』けやき出版、二〇〇五年
長野浩子『「水の郷 日野」のまちづくりにおける市民・行政・大学の役割とその連携による可能性に関する実証的研究』法政大学大学院デザイン工学系二〇一七年度学位論文
新倉芽具「国立の隠された歴史的背景――南北の比較を通して」法政大学デザイン工学部建築学科二〇一四年度卒業論文
日野市環境共生部緑と清流課水路清流係「水の郷 日野エコミュージアムマップ 豊田用水エリア」二〇一二年
ファリーニ、P・植田曉編、陣内秀信監修『イタリアの都市再生(造景別冊1)』建築資料研究社、一九九八年
法政大学エコ地域デザイン研究所編『水の郷 日野――農ある風景の価値とその継承』鹿島出版会、二〇一〇年
法政大学エコ地域デザイン研究所企画・構成「水都日野 みず・くらし・まち――水辺のある風景 日野50選」日野市、二〇一四年
法政大学陣内研究室・東京のまち研究会『東京 郊外の地域学――日常的な風景から歴史を読む』法政大学工学部建築学科、一九九九年
皆川典久・真貝康之『東京「スリバチ」地形散歩――凹凸を楽しむ 多摩武蔵野編』洋泉社、二〇一八年

ちくま新書
1520

水都《すいと》 東京《とうきょう》
――地形《ちけい》と歴史《れきし》で読《よ》みとく下町《したまち》・山《やま》の手《て》・郊外《こうがい》

二〇二〇年一〇月一〇日 第一刷発行

著者 陣内秀信（じんない・ひでのぶ）
発行者 喜入冬子
発行所 株式会社 筑摩書房
東京都台東区蔵前二-五-三 郵便番号一一一-八七五五
電話番号〇三-五六八七-二六〇一（代表）
装幀者 間村俊一
印刷・製本 株式会社 精興社

本書をコピー、スキャニング等の方法により無許諾で複製することは、法令に規定された場合を除いて禁止されています。請負業者等の第三者によるデジタル化は一切認められていませんので、ご注意ください。
乱丁・落丁本の場合は、送料小社負担でお取り替えいたします。
© JINNAI Hidenobu 2020 Printed in Japan
ISBN978-4-480-07348-8 C0225

ちくま新書

1401
大阪
――都市の記憶を掘り起こす
加藤政洋

梅田地下街の迷宮、ミナミの賑わい、２０２５年万博の舞台「夢洲」……気鋭の地理学者が街々を歩き、織田作之助らの作品を読み、思考し、この大都市の物語を語る。

1379
都市空間の明治維新
――江戸から東京への大転換
松山恵

江戸が東京になったとき、どのような変化が起こったのか？　皇居改造、煉瓦街計画、武家地の転用など空間の変容を考察し、その町に暮らした人々の痕跡をたどる。

1244
江戸東京の聖地を歩く
岡本亮輔

歴史と文化が物語を積み重ね、聖地を次々に生み出してきた江戸東京。神社仏閣から慰霊碑、墓、塔、スカイツリーまで、気鋭の宗教学者が聖地を自在に訪ね歩く。

937
階級都市
――格差が街を侵食する
橋本健二

街には格差があふれている。古くは「山の手」「下町」と身分によって分断されていたが、現在もその構図は変わっていない。宿命づけられた階級都市のリアルに迫る。

1144
地図から読む江戸時代
上杉和央

空間をどう認識するかは時代によって異なる。その違いを象徴するのが「地図」だ。古地図を読み解き、日本の形を作った時代精神を探る歴史地理学の書。図版資料満載。

1432
やりなおし高校地学
――地球と宇宙をまるごと理解する
鎌田浩毅

人類の居場所である地球・宇宙をまるごと学ぼう！　京大人気№１教授が贈る、壮大かつ実用的なエッセンスを集めた入門書。日本人に必須の地学の教養がこの一冊に。

1314
世界がわかる地理学入門
――気候・地形・動植物と人間生活
水野一晴

気候、地形、動植物、人間生活……気候区分ごとに世界各地の自然や人々の暮らしを解説。世界を旅する地理学者による、写真や楽しいエピソードも満載の一冊！